อาหารยอดนิยม

泰菜熱

THAIFOOD FEVER

阿明師（李明芒）จักริณสุดใสดี

目次

SALAD

1

**無敵開胃的
涼拌菜**

STIRFRY

2

**超下飯的
熱食**

本書食譜單位　t. = 小匙

乾 香 料 們

乾燥香茅
[01]

獨特的香味有一點類似檸檬，是使用非常頻繁的一種香料，乾燥的香茅特別適合用來製作燉煮（滷）的料理，泰國人喜歡拿乾燥香茅滷牛腱，比較耐煮，香氣也比新鮮的香茅來得厚重。滷出來的料理，顏色好看，容易入味。此外，也常常用乾燥香茅煮需要長時間燉煮的湯。

花椒
[02]

中式料理常見的香料，也被熱愛香料的泰國人廣泛運用，特別是泰國北部的人經常使用，像是書裡介紹的泰北涼拌豬肉末（P.34）也可以加入。尤其常用於肉類的料理，不管是烤、炸、滷，醃肉經常會加花椒，讓香氣更豐富，花椒的辣伴隨著後勁的麻，吃起來非常過癮。

孜然粉
[03]

味道濃厚、有點獨特的香料，也是泰國家庭的常備香料，這本書裡的沙嗲雞（P.70）、羅望豬肉串（P.74）、黃薑烤雞腿（P.84）均有使用，在醃肉的醬料放入一些，就能讓料理的口味變得繽紛，也是泰式料理很重要的特色。

白胡椒
[04]

這種完整的白胡椒顆粒，適合用來煮高湯，或是煮清湯式的湯品，像是泰式的河粉湯。泰國料理不像台灣人印象中都是酸酸辣辣、口味重，也有一些料理是清淡的調味，清爽的顏色，這個時候，就需要白胡椒的幫忙。

黃咖哩粉
[05]

對泰國人來說，是一種非常普遍的香料，泰國人特別喜歡在雞蛋的料理裡加入黃咖哩粉，像是咖哩炒蟹或蝦、炒鹹蛋黃等等，都是常見的黃咖哩粉入菜的泰國料理。

乾辣椒
[06]

乾辣椒是為了增加料理的香氣，反而不是增加辣度。泰國人會從市場買回乾辣椒再次油炸，瀝油備用。尤其喜歡拿乾辣椒煮魚湯，可以煮出香氣十足卻不過度麻辣的口味。尤其在泰國的東北部，各種料理都會放乾辣椒。

黃薑粉
[07]

咖哩料理一定會使用黃薑粉，替料理增色。泰國料理不可或缺，不管是炒炸的料理，或是燒烤之前的醃肉程序都是必備。

乾燥南薑
[08]

南薑也是泰國料理必備的香料，乾燥的南薑適合用來煮湯，可以煮出香氣，食材也容易入味，或是用來燉煮肉類料理也可以。

新鮮的南薑，香氣比較沒有那麼濃烈，適合用來煮湯或是醃肉。南薑經常和香茅一起煮，味道很相配。

新 鮮 香 料 們

紅蔥頭
〔01〕

香氣偏重，是泰國料理不可或缺的一味。可以拌入沙拉生吃，也可以整顆拿來煮湯，切片用來爆香炒菜或是醃肉。

檸檬葉
〔02〕

在台灣較不常見，但泰國菜不能少了它。清新的香氣，可以刺激食慾，尤其四季皆夏的泰國，可以說是開胃的香料蔬菜。整片可以煮湯，切絲可以拌沙拉、醃肉或是炒菜。

黃薑
〔03〕

新鮮的黃薑也是泰國人經常入菜的一種香料，更是近年來受到矚目的養生食材。泰國的老年人則習慣搗新鮮的黃薑，塗在皮膚上，當成一種保養。

大辣椒
〔04〕

大辣椒沒有朝天椒的辣度強勁，適合用來增加料理的香辣味，泰國料理的沙拉或是醬料很常剁碎使用。

薄荷
〔05〕

口味厚重的泰國菜，需要一點清新的香料來平衡，此時，薄荷就能發揮功能。尤其各種沙拉料理，經常加上薄荷，或是放入醬料裡，增加香氣。

朝天椒
〔06〕

辣度比較高，適合用來增加料理的辣味程度，是非常普遍的辛香料，不管是煮湯、炒菜、拌沙拉、醃肉都需要。

香茅
〔07〕

新鮮的香茅，香味比較溫和，通常會切碎或是切片，放入醬料裡或是拌沙拉，整枝的香茅則會用來熬湯。

美國香菜
〔08〕

雖然名字是香菜，味道卻和香菜不一樣，是泰國料理常見的香料蔬菜，不管是直接沾醬生吃，或是放入湯裡熬煮，都很適合。

香菜籽
〔09〕

泰國料理的必備香料之一，不管是當成醃料或是用來煮湯，都不能少，會釋放出獨特的香氣。

香菜
〔10〕

香菜的根經常用來煮湯，或切碎放入醬料，葉子則會拌沙拉，增加香氣，非常普遍的泰式香料蔬菜。

蔥
〔11〕

蔥在台灣非常普遍，泰國也是，各種料理都會用蔥，熱菜、冷菜或是醬料都會使用蔥。

芹菜
〔12〕

沙拉類的料理比較常見芹菜，除了取其香氣，也增加清脆的口感，提升沙拉的美味層次。

醬 料 們

醃蒜頭
[01]

酸酸甜甜的泰式醃蒜頭，具有一點點的嗆味，可以整顆用來煮湯，或是去梗切片拌沙拉吃，都很對味。

酸辣醬
[02]

這種醬料在台灣非常普遍，很容易買得到。如果想要更快速地做出泰國口味，不妨可以使用，是很方便的現成醬料。

蝦醬
[03]

灰灰的顏色、味道非常重的調味料，是泰國人很愛吃的口味，甚至會直接當成沾醬，和蔬菜一起吃。炒飯、炒菜也一定會加。

紅咖哩膏
[04]

書裡介紹了很多道紅咖哩的菜，一定要使用這個調味料，不但方便，味道又足，不管拿來入什麼菜，都非常對味下飯。

椰糖
[05]

泰國菜的甜味來源，椰糖的甜比較溫和，香氣也比砂糖來得香，各種料理都適合，甜點也不可或缺。

是拉差辣椒醬
[06]

一種酸甜辣兼具的醬料。烤或炸的料理當成沾醬，或是泰式的烘蛋一定會配這個醬料。還有各種涼拌菜也會用來調味。

羅望子醬
[07]

一種熱帶水果，泰國人很喜歡吃，也會拿來入菜。書裡的羅望烤豬肉串（P.74）就是以這個醬料調味，酸酸甜甜的滋味，很好吃。泰國人會直接沾鹽吃沒有熟的羅望子，酸酸鹹鹹的味道，很提神。

魚露
[08]

可以說是泰式料理的靈魂醬料，什麼都可以少，魚露一定要有，稍微刺鼻的腥味，替料理提味，各種泰國料理幾乎都會放入魚露，是非常具有代表性的泰式調味料。

白醬油
[09]

大部分的泰國菜，顏色鮮明、口味複雜，酸辣甜鹹樣樣兼具，但是，也有部分的泰國菜是屬於調味清淡溫和的料理，沒有任何的辣度，這個時候，白醬油就會派上用場，可以煮出清爽順口的湯品。

老抽
[10]

替料理增加色澤，一定要放老抽，除了美味的外觀，口味會有更有層次。

金山醬油
[11]

泰國家庭必備的醬油，當成日常料理的調味，各種料理都可以用。

1

2

4

5

6

7

8

9

10

11

炒米 ข้าวคั่ว

泰國家庭自製常備食材 -1

食材

○ 生糯米 100g
○ 新鮮（或是冷凍）檸檬葉 3 片

作法

① 將生糯米和檸檬葉放入鍋裡，開火乾炒，炒至米色變成黃色。

② 再倒入 30ml 的水，炒至變成咖啡色，盛起放涼，接著用果汁機攪碎，攪成稍微保留顆粒的質感。

* 糯米加熱以及遇水會變得黏稠，因此，在拌炒的過程要一直翻攪，讓米粉分散。

* 加水拌炒是為了讓糯米膨脹，轉化成脆脆的口感，而不會變硬。

蒜油 กระเทียมเจียว

泰國家庭自製常備食材 - 2

食材

○ 蒜頭 300g
○ 沙拉油 500ml

作法

① 蒜頭切碎，盡量切成平均大小。

② 倒油熱鍋，開火加熱至大概 70～80 度即可。溫度也不能太低，以免放入蒜頭後會黏鍋。

③ 放入蒜末，轉小火，一直攪拌蒜末，炸至呈現淡淡的金黃色，再用濾網撈起瀝油。撈起之後，一定要將蒜末撥散，避免焦化，利用餘溫讓蒜末轉成金黃色。

④ 將蒜末和蒜油分別放入不同的容器靜置，待冷卻後再混合即可保存。

---

* 將做好的蒜油放入洗淨擦乾的密封容器，不需要冷藏，冷藏反而會讓蒜油變硬。
* 需要蒜油的時候，以洗淨擦乾的湯匙舀出使用。

涼拌醬 น้ำยำ

泰國家庭自製常備食材 - 3

食材（約 1000g 份量）

○ 蒜頭 40g
○ 朝天椒 50g
○ 大辣椒 100g
○ 香菜根 40g
○ 醃蒜頭 65g
○ 魚露 210ml
○ 白砂糖 80g
○ 檸檬汁 300ml
○ 醃蒜頭汁 50ml

作法

① 拔掉醃蒜頭的梗，接著切掉底部，再剝成一片一片，放進果汁機。

② 倒入魚露和檸檬汁，將醃蒜頭攪成細緻的質感。

③ 放入其他食材，繼續攪至稍微保留顆粒（不能太細也不能太粗）的質感即完成。

* 使用前請搖晃均勻，1000g 的涼拌醬大約可以使用十次。

* 保存期限為三個月，用來拌肉類、海鮮、麵或是當成沾醬都很適合。

* 先將醃蒜頭攪成很細的質感，是為了讓醬料產生濃稠度，如此一來，可以輕易地沾裹上任何食材。

新 鮮 香 料 這 樣 切

紅蔥頭
切絲、切丁

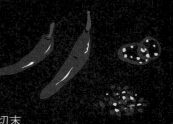

蔥
切末

檸檬葉
切絲、剁碎

朝天椒
切圓片、切末

蒜頭
切末

薑
切絲

大辣椒
切圓片、切末

香菜
切末、切段

香茅
切末、切段

無戲的／SALAD

嚴戲開車的

涼拌菜

Chapter. 1

ที่.1

Salad

ลาบหมู

泰北涼拌豬肉末

發跡於泰國東北部的家常菜，後來傳到泰國各地，現在泰國的各個地區都能吃到這道菜。泰國北部的人做這道菜，檸檬會放得比較少，口味上會偏甜一點。東北地區的人飲食口味比較重，各種調味都會強烈一些。

這道菜經常和生菜一起上桌，不管是高麗菜、美生菜、小黃瓜都是很常搭配的生菜，吃法則是將生菜包入糯米飯和豬肉末一起入口，可以說是非常經典的泰式口味。

這道菜我從小吃到大，現在還是非常喜歡，書裡介紹的作法是傳統的方法，每一個泰國家庭都很熟悉的味道。有一些人會為了求快速，將豬肉先汆燙再入鍋炒，但是，這個方法做出來的豬肉末會缺少一股肉香，很可惜。

食材（4人份）

250g	梅花豬絞肉
25g	蔥（切末）
30g	紅蔥頭（切絲）
5~6 片	薄荷葉
2g	檸檬葉（切絲）
5g	朝天椒（切圓片）
10g	美國香菜（切末）
15g	炒米（作法請參閱 P. 28）
10g	乾辣椒

調味料

30ml	魚露
60ml	檸檬汁
4g	白砂糖
15g	辣椒粉（乾炒過）

作法

1 熱鍋不放油，直接放入豬肉，爆出油香，炒出油水，約九分熟就熄火。

2 放入魚露、檸檬汁、砂糖拌勻。

3 放入炒米、辣椒粉拌勻。ΙA

4 放入所有的蔬菜食材以及乾辣椒，稍微拌一下即可，不要讓蔬菜變得熟軟。ΙB

ที่.2

Salad

ยำกุ้งสด
เห็ดหูหนูขาว

鮮蝦拌銀耳 🌶🌶

源自於泰國中部的家常菜，現在則是很受全泰國人歡迎的一道涼拌菜。特別經常在寺廟的慶典活動出現，將這道菜加入冬粉，做成涼拌冬粉，因為冬粉容易有飽足感，加上泰國天氣很熱，酸酸辣辣很容易入口，是一道老少咸宜的料理。或是在泰國的一些鄉下地區，結婚喜慶的時候，主人宴客經常會端出這道料理，賓客吃得開心，主人也不需要花太多錢。

食材（4 人份）

4 隻	白蝦
150g	新鮮白木耳
80g	梅花豬絞肉
10g	蔥（切末）
3g	香菜（切末）
40g	香茅（切圓薄片）
30g	紅蔥頭（切絲）
2 顆	小番茄（切四等份）

調味料

80gl	涼拌醬（作法請參閱 P. 30）

作法

1 將蝦子剝殼，去頭去尾，開背去腸泥。燙熟撈起，泡冰水備用。

2 將豬絞肉燙熟，撈起瀝乾水分備用。

3 白木耳撕成一小朵一小朵，放入熱水汆燙，撈起泡冰水備用。｜A

4 所有食材和調味料拌勻即可。｜B

ที่.3

Salad

ยำวุ้นเส้น

涼拌粉絲 🌶🌶

這道菜的外觀看起來就非常清涼，吃起來則是非常開胃。在泰國非常普遍，不論是大大小小的餐廳，或是一般家庭，都很喜歡做這道菜，可以說是泰國各個地區都很受歡迎的一道國民料理。由於泰國的天氣很熱，食慾有時候會不好，這道菜酸辣清爽的滋味，就經常會被泰國人當成下午墊肚子的點心吃。

TIPS

這道菜一定要先放調味料，讓冬粉和食材都均勻入味，才可以放入蒜油。如果先放入蒜油，調味料會無法入味。而放蒜油的目的是為了讓冬粉不會黏在一起。

食材（4 人份）

4 隻	白蝦
80g	冬粉（泡過水）
50g	梅花豬絞肉
10g	蔥（切末）
5g	香菜（切末）
5g	芹菜（切 4cm 段）
20g	小黃瓜（切片）
30g	紅蔥頭（切絲）
2 顆	小番茄（切四等份）
1/2 t.	蒜油（作法請參閱 P. 29）
15g	蒜味花生

調味料

80g	涼拌醬（作法請參閱 P. 30）

作法

1 將蝦子剝殼，去頭去尾，開背去腸泥。燙熟撈起，泡冰水備用。

2 豬絞肉燙熟，撈起瀝乾水分備用。

3 將冬粉泡水，軟化之後，燙熟撈起，以冷水搓洗，再瀝乾水分備用。ΙA

4 將蝦子、豬絞肉、冬粉放入調理盆，倒入調味料拌勻。

5 放入其他的蔬菜，撒入蒜油拌勻，盛盤撒上花生即可。ΙB

ที่.4

Salad

ส้มตำ

青木瓜沙拉 🌶🌶

提到泰國菜，青木瓜拉沙台灣人一定
不陌生，泰國餐廳一定會有這道菜，
同樣的，在泰國，也是很普遍的料理。
只是，泰國人習慣吃的口味已經有很
大的變化，會加入一些不同的配料或
是調味料，有些人會在這道菜放入臭
魚或是醃小螃蟹，甚至是活的滑蟹，
現殺現拌，口味更重；也有一些作法
是加入米線一起攪拌；有些人則會將
鯖魚烤熟剝碎拌入這道菜。書裡介紹
的則是傳統的泰式作法。這道涼拌菜
可以配生菜吃，泰國人習慣和糯米飯
一起吃。泰國東北部的人吃這道菜，
則喜歡搭配炸得酥酥脆脆的豬皮一起
吃。

食材（4 人份）

200g	青木瓜（刨絲）
4g	紅蘿蔔（刨絲）
20g	長江豆（切 2cm 段）
3 顆	小番茄（切四等份）
1 顆	蒜頭
1/2 條	朝天椒
3g	蝦米（稍微洗淨）
12g	蒜味花生

調味料

2g	蝦醬
40g	椰糖
45ml	魚露
80ml	檸檬汁

作法

1 將青木瓜絲和紅蘿蔔絲拌在一起，
先泡在流水 15 分鐘，再泡入冰塊
水 15 分鐘，等到木瓜絲呈現透明
的質感，瀝乾水分備用。

2 將蒜頭、朝天椒先放入杵臼搗碎，
再放入蝦米、長江豆一起搗碎。｜A

3 放入所有的調味料，攪拌至椰糖
融化。再放入小番茄，稍微壓扁。

4 放入青木瓜絲、紅蘿蔔絲、蒜味
花生（6g），稍微搗一下，不要
太用力，攪拌均勻，撒入剩下的
蒜味花生（6g）即可。｜B

ที่ .5

Salad

ยำ
เนื้อสไลด์

涼拌牛肉片 🌶🌶

牛肉獨特的香氣，做成涼拌菜，也很受泰國人的喜愛。泰國有一些鄉下地方還保有吃生牛肉的飲食習慣，通常是運用泰北涼拌豬肉末（請參閱 P.34）的調味方法，做成涼拌生牛肉，味道很重，夏天吃很過癮。至於，這裡介紹的作法則是將牛肉燙熟再調味，肉的腥味比較不會太濃，口味會柔和一點。此外，泰國人也會自製牛肉乾，將牛肉泡在辛香料裡醃製，再曬乾，接著烤或炸成牛肉乾，配著糯米飯吃，也是牛肉很常見的泰國吃法。

食材（4 人份）

250g	火鍋牛肉片（稍微有點厚度）
6g	蔥（切末）
7g	嫩薑（切絲）
10g	芹菜（切 3cm 段）
3g	香菜（切末）
40g	香茅（切圓薄片）
40g	白洋蔥（切絲）
20g	紫洋蔥（切絲）
40g	小黃瓜（切片）
2 顆	小番茄（切四等份）
5~6 片	薄荷葉

調味料

80g	涼拌醬（作法請參閱 P. 30）
15g	是拉差辣椒醬

作法

1　白、紫洋蔥絲泡冰水後，瀝乾備用。

2　汆燙牛肉（不要燙太久，以免肉質過老），撈起泡冰塊水，瀝乾備用。｜A

3　將牛肉和調味料攪拌均勻。

4　放入所有的蔬菜攪拌均勻即可。｜B

TIPS

* 這道菜使用的牛肉，請選用帶有一些油花的牛肉，口感比較好。如果使用厚一點的牛肉，可以煎至 7 ～ 8 分熟再切片調味。

* 這道菜一定要放入薑絲，不可缺少，可以去除牛肉的腥味。

พล่ากุ้ง

香茅拌蝦 🌶🌶

這道菜屬於泰國中部地區的家常菜，泰國人會將這道菜和白飯一起上桌，也會當成下酒菜，配啤酒吃。泰國蝦的蝦膏很多，泰國人會將這種蝦子烤一烤，剝殼淋上醬汁，這是泰國餐廳常見的料理手法，一如書裡介紹的方法。

食材（4 人份）

8 隻	白蝦
10g	蔥（切末）
80g	香茅（切圓薄片）
3g	香菜根
5~6 片	薄荷葉
50g	紅蔥頭（切絲）
2g	檸檬葉（切絲）

調味料

60g	涼拌醬（作法請參閱 P. 30）
40g	辣椒膏

作法

1 白蝦去頭剝殼、開背去腸泥備用。

2 將白蝦炙燒或放入烤箱，烤至白蝦尾巴微焦。| A

3 將涼拌醬和辣椒膏攪拌均勻，再放入蔬菜拌勻。

4 放入蝦子拌勻即可。| B

TIPS

由於一般家庭的烤箱無法精確說明烘烤的時間，因此，烤的時候，要隨時當意蝦子的狀態，避免烤得太乾太柴。

ที่ .7

Salad

ยำถั่วแขก

涼拌四季豆 🌶🌶

四季豆在泰國是非常普遍便宜、很方便取得的一種蔬菜，很多料理都會出現。這道家常菜的口味在泰國料理中屬於溫和的口味，酸、辣、鹹度都不高，類似泰國宮廷料理的調味方式。適合不習慣重口味的人吃，運用花生粉和椰子粉的香氣中和，讓整道菜的口味不會太厚重。在泰國，這道菜通常當成開胃菜，配半熟蛋或是白飯一起吃。

食材（4 人份）

4 隻	白蝦
160g	四季豆（切 1cm 斜片）
70g	梅花豬絞肉
8g	蔥（切末）
40g	香茅（切圓薄片）
40g	紅蔥頭（切絲）
2g	檸檬葉（切絲）
3g	香菜根
20g	花生粉（有顆粒）
10g	椰子粉
50g	紅蔥頭酥
3 條	乾辣椒（烤過或炸過）（切 2cm 段）

調味料

80g	涼拌醬（作法請參閱 P. 30）
40g	辣椒膏
30ml	椰奶（請選用濃稠質感的品牌）

作法 ————————————

1 將椰子粉放入烤箱烘烤，或用乾鍋以小火炒至金黃色，盛起備用。

2 滾水裡加入少許的鹽和沙拉油，汆燙四季豆，燙一下就撈起，泡入冰水，保持脆度。| A

3 豬絞肉和蝦子分別燙熟，撈起備用。

4 將涼拌醬、辣椒膏和椰奶攪拌均勻，再放入所有蔬菜（除了四季豆），拌勻。| B

5 放入蝦子、豬絞肉稍微攪拌，續入四季豆、花生粉、椰子粉、紅蔥頭酥（留少許備用）。| C、D

6 撒上少許的紅蔥頭酥和乾辣椒即可。

半熟蛋作法 ————————————

起一鍋水，放入雞蛋（或鴨蛋），開中火，水開始滾之後，計時 2.5 分鐘，取出沖冷水即完成。

TIPS

汆燙四季豆的時候，放入鹽和沙拉油，是為了保持蔬菜的翠綠顏色。

ที่.8

Salad

ยำ
ผลไม้รวม
ปลาฟู

水果拌魚酥 🌶

這道菜在泰國的傳統作法，會使用鯰魚（泥鰍）製作，鯰魚非常普遍。但是，在台灣鯰魚不容易取得，則改用鯛魚片製作，風味一樣很好吃。在泰國，通常直接將整隻魚烘烤，再剝皮、捏碎，調味拌一拌即可。這道菜會和美生菜一起盛盤，吃法則是將美生菜包入一些魚酥和沙拉一起吃。

TIPS

蒸熟的魚肉一定要徹底瀝乾水分，否則炸不出酥脆的口感。

食材（4 人份）

200g	鯛魚片
50g	麵包粉
80g	青蘋果或青芒果（削皮切絲）
40g	嫩薑（切絲）
80g	小黃瓜（切絲）
1/2 條	大辣椒（切圓片）
40g	腰果（稍微拍碎）
30g	紅蔥頭（切絲）
1/4 條	朝天椒（切圓片）
10g	櫻花蝦或蝦米

調味料

40g	椰糖
40ml	魚露
50ml	檸檬汁

魚肉用調味料

2g	鹽
2g	白胡椒粉

作法

1. 櫻花蝦（或蝦米）油炸，瀝油備用。

2. 將魚片蒸熟，取出放涼，確實瀝乾水分，抓碎，加入鹽、白胡椒粉調味。再放入麵包粉抓拌均勻。| A

3. 起一油鍋，加熱至 100 ～ 120 度，倒入步驟 2，以湯杓將魚肉撥成一團，炸至呈現金黃色，再撈起瀝油備用。| B

4. 將魚露、椰糖、檸檬汁拌勻，放入所有的蔬菜、腰果稍微拌一下，撒上步驟 1。和美生菜、魚酥一起盛盤即可。

ที่.9
Salad

พล่าปลา
ทูน่าโรล

香茅鮪魚捲 🌶️

泰國的每一個家庭幾乎都會做這道菜，深受泰國人喜歡的一道涼菜。尤其在泰國一些比較落後的地方，或者是離開家鄉住宿舍的學生，這道菜很受歡迎，因為材料很便宜，作法又簡單，加上可以配大量蔬菜食用。對於經濟上比較不富有的人，是一道可以吃得飽又美味省錢的料理。甚至是離開家鄉到城市去工作的人，也很常自己做這道料理來吃。

食材（4 人份）

1 罐	鮪魚罐頭
10g	蔥（切末）
60g	香茅（切圓薄片）
2g	檸檬葉（切絲）
50g	紅蔥頭（切絲）
3g	香菜根（切末）
10~12 片	薄荷葉
1 條	朝天椒（切圓片）
4 片	米皮

調味料

15g	炒米（作法請參閱 P. 28）
15ml	魚露
30ml	檸檬汁
1t.	白砂糖
10g	辣椒粉
30ml	雞高湯或水

生菜食材 ───────

4g	香菜葉
10g	美生菜
15g	紅蘿蔔（切絲）
15g	紫高麗菜（切絲）

沾醬 ───────

15ml	果糖
15ml	魚露
30ml	白醋
少許	花生粉
適量	大辣椒（切末）
少許	香菜葉
少許	蒜酥

作法 ───────

1 取出鮪魚瀝油，撥散備用。| A

2 將所有的調味料倒入調理碗攪拌均勻，再放入鮪魚拌勻。

3 放入所有的蔬菜拌勻。| B

4 將米皮切成一半，稍微過一下冷水，將兩片如圖錯開重疊，再放入生菜食材和鮪魚沙拉，捲起，收口沾水封緊，切成一半即可。| C、D

> **TIPS**
>
> * 鮪魚可以用其他魚類罐頭取代，唯一需要留意的是不要使用過度調味的罐頭。
> * 這道菜也可以將魚片燙熟，水裡放入鹽和薑片（或是檸檬葉）去腥，瀝乾放涼，再將魚肉剝散備用，取代鮪魚罐頭。

ที่.10

Salad

ตับหวาน

泰北涼拌豬肝 🌶🌶🌶

在泰國的東北部，有些地區吃這道菜，會馬上殺豬就把豬肝取下來直接生拌來吃，拌著醬料和膽汁一起吃，屬於非常在地粗獷的吃法。現在全泰國的各個地方都吃得到這道菜，也是一道常見的家庭料理，很適合當成下酒菜，配啤酒很對味。這道菜通常會和高麗菜、小黃瓜片、糯米飯一起上菜。

食材（4人份）

200g	豬肝
10g	蔥（切末）
50g	紅蔥頭（切絲）
10~12 片	薄荷葉
6g	美國香菜（切末）
1 條	朝天椒（切圓片）
4~5 條	乾辣椒（切三等份）

醃豬肝用調味料

少許	鹽
少許	米酒

調味料

20g	炒米（作法請參閱 P.28）
25ml	魚露
60ml	檸檬汁
1t.	白砂糖
20g	辣椒粉

作法

1 將豬肝切成薄片（約 0.4cm），放入米酒和鹽抓拌，靜置 10 ～ 15 分鐘。｜A

2 汆燙醃過的豬肝，不要燙太熟，撈起洗淨血水備用。

3 將魚露、檸檬汁、砂糖拌勻，再放入炒米、辣椒粉拌勻。

4 放入豬肝、所有的蔬菜和乾辣椒，稍微拌勻即可。｜B

ที่.11
Salad

ยำส้มโอ

白柚沙拉 🌶🌶

全泰國都很盛行吃白柚，直接將柚子剝皮沾辣椒粉、砂糖、鹽，當成一種零食吃。因為天氣炎熱，泰國人會將白柚當成下午的點心吃。在泰國，有些人會將柚子皮曬乾，當成藥材使用。

這道菜使用罐頭白柚製作也可以。白柚在泰國是很便宜的水果食材，屬於整年度都吃得到的水果。如果直接當成水果吃，對於現在人來說，是很健康養生的吃法。

食材（4 人份）

170g	白柚罐頭
4 隻	白蝦
40g	椰子粉
50g	鹽味花生
40g	紅蔥頭酥

調味料

60g	涼拌醬（作法請參閱 P. 30）
40g	辣椒膏

作法

1 將鹽味花生乾炒，其中一半稍微切碎（或拍碎），另一半保持完整備用。

2 將椰子粉乾炒至呈現金黃色，盛起放涼備用。| A

3 將蝦子剝殼，去頭去尾，開背去腸泥。燙熟撈起，泡冰塊水備用。

4 將涼拌醬和辣椒膏拌勻，再放入蝦子，稍微拌勻。

5 放入椰子粉、花生、紅蔥頭酥拌勻。最後放入柚子，稍微拌勻即可。| B

ที่.12
Salad

หมู
มะนาว

檸檬豬肉片 🌶🌶🌶

不管是家庭或路邊攤都經常出現這道菜，是一道口味很重的菜。在泰國，會配生芥藍菜一起吃，將芥藍菜的根削皮，泡冰水，做出脆度，配這道菜吃，口感非常協調好吃。這是一道很開胃的菜，適合配啤酒，非常暢快。部分的泰國人會配白或青苦瓜一起吃。因為這道菜的作法實在太簡單了，對於做菜講求方便快速的泰國人來說非常適合，因此經常出現在泰國人的家庭餐桌上。

食材（4 人份）

200g	豬里肌肉厚片或豬五花
4 顆	蒜頭（切片）
100g	高麗菜（切絲）
12 片	薄荷葉

調味料

25ml	魚露
8g	砂糖
60ml	檸檬汁
60g	蒜頭（切末）
50g	香菜根（切末）
30g	朝天椒（切末）

作法

1 使用肉槌拍打豬肉片，拍扁讓肉鬆弛。I A

2 滾水裡加入少許的鹽，汆燙豬肉片，燙至八分熟，撈起泡冰塊水，再切成 1cm 的斜片備用。將豬肉片放在高麗菜絲上。I B

3 將所有的調味料拌勻，做成醬汁。

4 將醬汁淋在豬肉片上，撒上蒜片和薄荷葉即可。

▶ **TIPS** ▶

因為豬里肌沒有油花，肉質會比較乾柴，一定要先拍打，讓肉質鬆弛，口感比較好。

ที่.13
Salad

กุ้ง
แช่น้ำปลา

酸辣生蝦 🌶️🌶️

我從小生長的東北地區的食物口味比其他地區更重，更酸、更辣、更鹹。因此，這道菜的調味則會多加一味辣椒粉和炒米，讓整體的口味更厚重。在泰國東北的落後地區，海蝦取得不易，則用活溪蝦取代。當地的作法是將活蝦放入碗裡，倒入醬料，再用另一個碗蓋起來，搖一搖即完成。吃的時候，蝦子甚至還在跳，配啤酒或米酒一起吃，非常對味。這道菜可以配小番茄（對切）或是苦瓜（對半切，挖掉籽，切半圓形片）一起吃。在泰國的大小餐廳或是家庭都很常見這道菜。

> ### TIPS
> 生蝦的新鮮度一定要夠，最好當天現買現做，避免產生細菌，可以淋上多一點的醬料，幫助殺菌。

食材（4 人份）

8 隻	白蝦（活的）
1 顆	蒜頭（切片）
8 片	薄荷葉
8 片	美生菜或波士頓奶油葉
40g	綠色苦瓜（切半圓片）
2 顆	小番茄（切四等份）

調味料

15ml	魚露
1/2t.	砂糖
30ml	檸檬汁
20g	蒜頭（切末）
15g	香菜根（切末）
10g	朝天椒（切末）

作法

1 　將蝦子開背去腸泥，沖洗乾淨，擦乾擺在生菜上。|A、B

2 　所有的調味料拌勻，淋在蝦子上。

3 　擺上蒜片、薄荷葉，和小番茄、苦瓜一起盛盤即可。

ที่.14
Salad

ยำ
ปลาหมึก

酸辣拌花枝 🌶🌶

花枝也是泰國人很常用來入菜的海鮮,不管是汆燙調味,或是烤成焦脆的口味再調味,都是很常見的料理方式。這一道酸辣甜口味兼具的涼拌花枝,我相信每一個人都會喜歡,適合炎熱的夏天,開胃、下飯,請大家一定要試做看看,這道泰式的必備家常菜。

食材(4 人份)

250g	花枝
10g	蔥(切末)
60g	小黃瓜(切斜片)
40g	白洋蔥(切絲)
20g	紫洋蔥(切絲)
2 顆	小番茄(切四等份)
40g	芹菜梗(切 4cm 段)
3g	香菜根(切末)

調味料

80g	涼拌醬(作法請參閱 P. 30)
40g	是拉差辣椒醬

作法

1 將白、紫洋蔥絲泡冰塊水備用。

2 將花枝剝皮,取出內臟,沖洗乾淨。切格紋刀,再切成長 2cm 寬 1cm 的片狀。IA

3 汆燙花枝片,取出泡冰塊水,瀝乾備用。

4 將涼拌醬和辣椒醬拌勻,放入花枝拌勻。續入所有的蔬菜拌勻即可。IB

TIPS

如果使用的是冷凍花枝,解凍之後,可以先用鹽和米酒抓醃再汆燙。

ที่.15
Salad

ลาบ ปลาหมึก

泰北涼拌花枝 🌶🌶🌶

在泰國賣粥的餐廳，菜單上經常出現這道菜，這類的餐廳通常開在夜店附近，營業到凌晨四點左右，讓那些結束夜生活的人，當成宵夜，可以提神開胃的一道菜，非常受歡迎。一樣的調味，將花枝換成蝦子也很好吃。

食材（4 人份）

200g	花枝
5g	蔥（切末）
40g	紅蔥頭（切絲）
2g	檸檬葉（切絲）
5~6 片	薄荷葉
3g	朝天椒（切圓片）
5g	美國香菜（切絲）

調味料

25ml	魚露
4g	砂糖
20g	炒米（作法請參閱 P.28）
50ml	檸檬汁
10g	辣椒粉

作法

1 將花枝剝皮，取出內臟，沖洗乾淨。切格紋刀，再切成長 2cm 寬 1cm 的片狀。

2 汆燙花枝片，撈起泡冰塊水備用。

3 將花枝放入調理盆，再倒入所有的調味料稍微拌勻。|A

4 放入其他的蔬菜拌勻即可。|B

STIR FRY

超下飯的熱食！

Chapter. 2

ที่ 1
Stir Fry

ไก่ สะเต๊ะ

沙嗲雞

泰國的經典家常菜，泰國人在家裡做這道菜的時候，大部分是用木炭小火慢烤，烤出來的雞肉會有一股炭火的香氣。此外，家庭版的沙嗲雞，雞肉通常會比較小塊一點，泰國人吃的習慣是沾醬料一口吃掉。書裡介紹的串法是用竹籤，泰國人在家裡則會用椰子的葉梗串雞肉，既環保又方便，還能增添椰子的香氣。這道菜通常會和兩種沾醬一起上菜，咖哩沾醬很受小朋友的歡迎，另一個稍微有辣度的沾醬，則是大人愛吃。

食材（4人份）

400g	雞腿肉或雞胸肉

醃肉用調味料

1/2t.	鹽
80ml	椰奶
40ml	奶水
1t.	蠔油
15ml	魚露
15g	砂糖
10g	黃咖哩粉
15g	黃薑粉
少許	孜然粉
少許	五香粉
45ml	沙拉油
5g	香菜根（切末）

烤肉用醬料

5g	鹽
50ml	椰奶
10g	砂糖
1/2t.	黃薑粉

A

B

★ 沾醬 1

5g	鹽
80g	砂糖
80ml	白醋
3g	小黃瓜（切丁）
2g	紅蔥頭（切丁）
2g	大辣椒（切丁）

★ 沾醬 2

少許	鹽
5ml	魚露
80ml	椰奶
30g	椰糖
25g	黃咖哩醬（Massaman 醬）
5g	白芝麻醬
15g	花生粉（有顆粒）

作法

1　將雞肉切成長條狀，放入所有醃肉用的調味料裡，醃 1.5 個小時至入味，如果醃超過 1.5 個小時，請放入冰箱冷藏。｜A、B

2　竹籤將雞肉串起來，在烤盤上鋪鋁箔紙，放上雞肉串烤至七分熟。｜C

3　將烤肉用醬料攪拌均勻，從烤箱取出雞肉串，刷上醬料，再放回烤箱繼續烤。烘烤途中可以一直補刷醬料，讓椰奶鎖住肉的水分，保持香氣，烤至表面呈現金黃色、略微焦脆即可。

4　將雞肉串和沾醬一起上桌，隨個人喜好沾取食用。

TIPS

雞肉可以一次醃多一點的份量，放入冷凍庫保存，想吃的時候再烤，非常方便。

★ 沾醬 1 作法

1　將鹽、砂糖、白醋放入鍋煮至滾沸。

2　轉小火，續煮約 30 分鐘，熄火，靜置至完全冷卻。

3　冷卻後的醬料會呈現濃稠的質感，再放入蔬菜拌勻即可。

TIPS

這款醬料可以事先多煮一些保存備用，隨時當成調味醬料，非常方便。

★ 沾醬 2 作法

1　將所有材料放進鍋裡，煮滾。

2　再煮約 10 分鐘，熄火放涼即完成。

TIPS

在泰國，此款醬料可以當成吐司沾醬吃。

C

ที่ .2

Stir Fry

หมูปิ้ง ซอส มะขาม

羅望豬肉串 🌶

這是一道泰國路邊攤隨處可見的菜，通常會和糯米飯一起配著吃，泰國人會隨手買一份，邊走邊吃，趕時間的時候或是上班族可以在趕車途中吃，非常方便又好吃的一道菜，可以算是泰國很普遍的肉類料理，酸酸甜甜的滋味很迷人又下飯。

TIPS

* 將豬五花肉稍微冷凍，比較容易切。

* 沾醬也可以不煮，直接拌勻使用，很方便。煮過的沾醬可以保存比較久，一次煮多一點，隨時可以取用很方便。

食材（4 串份）

360g	豬五花肉（選用油花少一點）

醃肉用調味料

50g	椰糖
15ml	魚露
1/2t.	老抽
1/2t.	白胡椒粉
15ml	沙拉油
少許	孜然粉
10g	蒜頭（切末）
5g	香菜根（切末）
3g	乾燥香菜籽（搗碎）

★沾醬

20g	椰糖
30ml	魚露
5g	炒米（作法請參閱 P.28）
5g	辣椒粉
2g	檸檬葉（剁碎）
70g	羅望子醬

作法

1 切掉豬皮，再將豬肉切成寬 2cm 厚 0.7cm 的條狀（如果油花過多，則酌量切掉一些）。| A

2 將所有醃肉用的調味料拌勻，放入豬肉抓拌，醃製 15 ～ 20 分鐘。

3 用竹籤將豬肉串起來。烤盤鋪上鋁箔紙，放上豬肉串，以烤箱烘烤，途中可以不斷翻面確認烘烤的狀態，烤至表面略微焦脆。| B

4 將豬肉串和沾醬一起盛盤即可。

★沾醬作法

將全部的材料放入鍋裡，煮至滾後，熄火放涼即完成。

ที่ 3
Stir Fry

ปีกไก่ทอดน้ำปลา

魚露炸雞翅 🌶🌶

魚露的重要性，我認為可以說是泰國菜的靈魂，幾乎每一道菜都需要魚露的提味。這一道炸雞翅就是以魚露為主要的調味，味道濃郁，吃起來卻很爽口，適合當成下酒菜，絕對讓你一口接一口，停不下來。用雞翅來做這道菜，是因為肉質比較不容易乾柴，表皮容易產生焦脆的質感，會有一股焦香味，非常好吃。

食材（4 人份）

8 隻	雞翅

醃肉用調味料

15ml	魚露
8g	椰糖
3g	檸檬葉（撕碎）
1t.	白胡椒粉

沾醬

5g	炒米（作法請參閱 P. 28）
10g	砂糖
4ml	魚露
2g	蔥（切末）
3g	蒜頭（切末）
15g	辣椒粉
10ml	檸檬汁
少許	檸檬葉（切絲）

作法

1 將雞翅洗淨，瀝乾水分備用。

2 醃肉用調味料攪拌均勻，放入雞翅抓拌，靜置 30 ～ 45 分鐘。| A

3 起油鍋，油溫加熱至 160 度，放入雞翅油炸，炸至雞皮呈現金紅色、略微焦脆質感，撈起瀝油（如果油炸途中，出現檸檬葉的香氣，可以先將檸檬葉撈起）。| B

4 將沾醬所有的材料攪拌均勻，和雞翅一起盛盤即可。

ที่.4

Stir Fry

ปลาทอด น้ำปลา

魚露炸魚 🌶

在泰國，淡水魚很容易取得，因此，魚類的料理隨處可見，一般家庭也很常煮魚。在一些稍微落後偏遠的地區，做這道菜會使用便宜的吳郭魚、土虱或是泰國鱧魚，真正的傳統作法是將整條魚下油鍋炸，書裡介紹的則是炸魚片，比較方便食用。

這道菜一定會配著沙拉一起上桌，沙拉以青芒果為主要食材，如果沒有，可以使用嫩薑絲、小黃瓜絲或是青蘋果絲（帶皮不帶皮皆可）取代，少了青芒果的酸味，醬料中則加入檸檬汁增加酸味。

食材（4 人份）

1 條	金目鱸魚或鯛魚片
少許	太白粉

調味料

15ml	魚露
15ml	蠔油
2t.	砂糖
15ml	沙拉油

★沙拉食材

15ml	魚露
15g	椰糖
20ml	檸檬汁
8g	櫻花蝦
100g	青芒果（切絲）
40g	紅蔥頭（切絲）
1 條	朝天椒（切末）
1/2 條	大辣椒（切圓片）
10 顆	市售腰果

作法

1. 將鱸魚切成長 5cm 寬 4cm 的片狀，表面抹上一層薄薄的太白粉。｜A

2. 起一油鍋，油溫加熱至 160 度以上，放入鱸魚片油炸，炸至表面酥脆，撈起瀝油，盛盤備用。｜B

3. 將所有的調味料倒入鍋裡，開火煮至滾沸，直接淋在炸魚片上。和沙拉一起盛盤即可。

★沙拉作法

1. 將櫻花蝦炸過備用。

2. 將青芒果絲和其他沙拉食材拌勻，撒上櫻花蝦即完成。

ที่ .5

Stir Fry

ทอดมันกุ้ง

金錢蝦餅

泰文菜名本來是炸蝦球的意思，因為外型像一枚錢幣，台灣人重新替這道菜換上一個新名字。這道菜算是書裡介紹的菜中，比較不常出現在泰國家庭餐桌上的菜，泰國人如果想吃這道菜，通常會到餐廳去吃。

泰國人如果在家裡做這道菜，通常會將粉漿揉成球狀，直接炸熟，再和菇類一起拌炒，或是和冬粉、高麗菜、冬瓜煮成湯，做成蝦餅的延伸菜色，反而比較常出現在泰國的家庭餐桌上。這道菜的沾醬不僅可以自製，現成的醬料也隨處買得到。

食材（4人份）

250g	草蝦仁
60g	豬板油（剁過的）
60g	花枝漿
20g	太白粉
150g	麵包粉

調味料

少許	鹽
15ml	香油
1t.	砂糖
1t.	白胡椒粉

★沾醬

50ml	水
少許	鹽
95ml	白醋
45ml	梅汁
120g	白砂糖
95g	醃過的梅子（有點鹹味）

A

B

作法

1 將蝦子洗乾淨，用乾淨的抹布徹底吸乾所有的水分。用刀背將蝦子稍微拍扁至蝦肉裂開的狀態，但不需要壓成泥。

2 蝦泥、花枝漿、豬板油放入調理盆，再放入所有的調味料和太白粉，攪拌摔打至產生彈性的質感。| A

3 抓出一球大約直徑 3cm 的粉漿，均勻沾裹上麵包粉，再稍微壓扁至厚約 1cm。| B、C

4 起一油鍋，油溫加熱至 160 ～ 180 度，放入粉漿油炸，炸至麵包粉呈現金黃色，撈起瀝油。| D

5 將蝦餅和沾醬一起盛盤即可。

> **TIPS**
> * 這道菜使用草蝦製作，口感會比較Q彈，如果使用白蝦製作，口感會偏軟。
> * 製作之前，先將豬板油冷凍變硬，再取出切片、剁成小塊，接著，再度放回冷凍庫，在進入作法的步驟 2 之前，取出直接使用。這道菜使用豬板油是為了增加黏性，讓蝦餅膨脹。

★ 沾醬作法

1 將梅子去籽，梅肉稍微剁切，不需要剁太細。

2 將所有的材料放入鍋裡，煮至滾沸，再轉小火煮 30 分鐘左右至黏稠的質地即完成。

> **TIPS**
> 這款沾醬可以大量煮起來保存備用，放入乾淨的玻璃罐保存，室溫存放即可，或是放冰箱冷藏也可以。

ที่.6

Stir Fry

ไก่ย่าง ขมิ้น

黃薑烤雞腿

泰國人做這道菜會用木炭慢烤，將竹子剖成一半，放進去醃好的雞腿，用鐵絲綁起來，放在炭火上烤，烤出香氣，是很傳統的泰式作法。此外，因為泰國人會用帶骨的雞腿烤，需要的時間比較長，為了讓大家可以在家裡輕鬆地做，建議可以使用去骨的雞腿，熟成的時間會比較快。通常會搭配糯米飯和青木瓜沙拉一起吃。香氣十足的烤雞腿也是路邊攤的人氣料理，吃起來非常過癮。

食材（4人份）

2隻	雞腿排（去骨帶皮）

醃肉用調味料 A

80ml	椰奶
60g	香茅（切片）
30g	蒜頭（切片）
30g	香菜根（切段）

醃肉用調味料

10ml	魚露
1t.	蠔油
10g	砂糖
8ml	沙拉油
1t.	黃薑粉
少許	孜然粉
1/2t.	金山醬油
1/2t.	白胡椒粉

沾醬

材料作法請參閱 P.77 魚露炸雞翅

作法

1 將 A 料放入果汁機，攪打成很細的質感。再放入其他調味料一起攪拌。| A

2 放入雞腿抓醃，醃 1～1.5 個小時至入味。| B

3 將烤盤鋪上鋁箔紙，放上醃好的雞腿，以烤箱烘烤，烤至表面呈現金黃色。

4 和沾醬一起盛盤即可。

TIPS

烤雞腿的時候，如果有醬料蔬菜附著在雞腿上，不需要特別剔除，烤出來的雞腿會更入味。

ที่ .7
Stir Fry

ย่าง หมู สามชั้น

烤豬五花 /

泰國的路邊攤很常見到這道菜，但是攤販覺得將豬肉蒸熟的手續很麻煩，所以通常醃好豬肉直接烤，烤好的豬皮很硬，不容易入口，因此，在路邊買的烤豬五花不吃皮，只吃肉。在家裡做這道菜，則會將豬肉先蒸過，豬皮會變軟，可以帶皮吃，口感比較好。這道菜會配糯米飯、啤酒，非常對味。吃法是用生菜包入豬五花，沾一點點醬，一口吃下去，非常美味。

食材（4 人份）

300g	帶皮豬五花

醃肉用調味料

7g	蒜頭（切末）
3g	香菜根（切末）
3g	朝天椒（切末）
10ml	魚露
5ml	蠔油
5g	砂糖
15ml	米酒
1t.	黃薑粉
1/2t.	白胡椒粉
10g	黑胡椒粉

沾醬

60g	涼拌醬（作法請參閱 P. 30）
2g	蔥（切末）
30g	香茅（切圓薄片）
4g	紅蔥頭（切絲）
2g	檸檬葉（切絲）
3g	香菜根（切末）

作法

1 將豬五花蒸熟，從鍋子開始冒煙開始計算約 10 分鐘，豬皮變軟，呈現稍微可以捏斷的質感，放涼備用。

2 將所有醃肉用的調味料攪拌均勻，再均勻地抹在豬五花上，靜置 1 ～ 1.5 個小時至入味。｜A

3 烤盤上鋪鋁箔紙，放上豬五花，讓豬皮保持在側邊，放入烤箱烘烤，待表面上色之後，即可取出切成厚約 1cm 的片狀。｜B

4 將沾醬的所有食材攪拌均勻，和豬五花、生菜一起盛盤即可。

ที่ 8
Stir Fry

ไก่ห่อ ใบเตย

香蘭葉包雞

泰國餐廳裡的香蘭葉包雞，雞肉通常不帶皮，但是，如果在家裡吃這道菜，泰國人就不會切掉雞皮，不浪費食材也是泰國家常料理的特點。書裡介紹的是傳統作法，現在有些泰國人為了求快速方便，會將香蘭葉和雞肉拌一拌，不經過蒸煮的步驟，直接下油鍋炸，屬於改良作法。

沾醬 1 作法

甜麵醬（或是老抽加果糖以 3：1 的比例調製攪拌即可）

沾醬 2 作法

涼拌醬（作法請參閱 P. 30）

TIPS

香蘭葉可以先放入冷凍，取出解凍再使用，比較不容易破掉。

食材（4 人份）

360g	雞腿排（去骨切成六或八等份）
16 片	香蘭葉

醃肉用調味料

5g	香茅（切末）
3g	南薑（切末）
2g	蒜頭（切末）
3g	老薑（切末）
2g	檸檬葉（切末）
3g	紅蔥頭（切末）
2g	香菜根（切末）
20ml	水
1t.	蠔油
1.5t.	魚露
1.5t.	砂糖
15ml	米酒
10ml	沙拉油
15g	紅咖哩膏
1t.	金山醬油
1/2t.	白胡椒粉

作法

1. 將紅咖哩膏和沙拉油放入調理碗裡，攪拌均勻融化備用。

2. 將步驟 1 和其他醃肉用調味料拌勻，放入雞肉抓醃，醃半個小時。

3. 拿一片香蘭葉（若葉片比較小，可以用兩片），將根部剪出斜角，參閱 P.90 ～ 91 的圖示包入一塊雞肉 I A、B、C、D、E、F、H、G

4. 將包好的雞肉放入電鍋蒸 6 ～ 7 分鐘，讓香蘭葉的香氣進入雞肉，取出瀝乾水分。

5. 起一油鍋，油溫加熱至 120 ～ 150 度，放入雞肉油炸，炸至香蘭葉呈現墨綠色，開大火逼油，撈起瀝油。

6. 和沾醬一起盛盤即可。

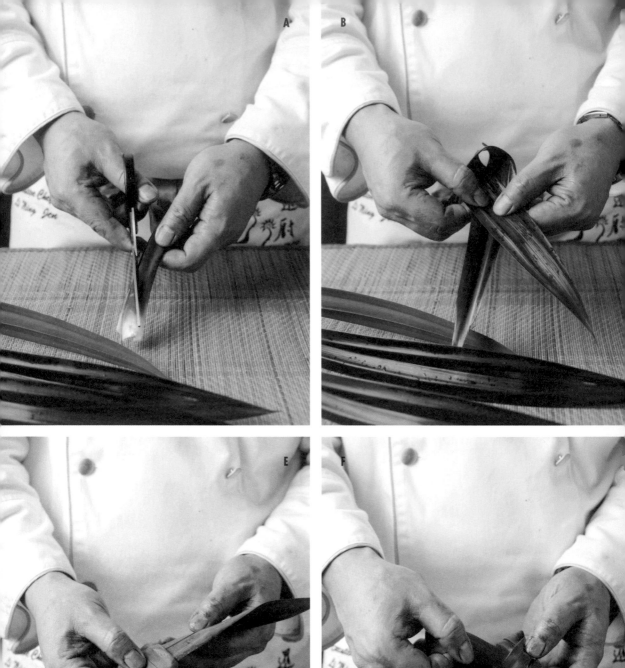

ที่ 9
Stir Fry

เนื้อย่าง อีสาน

東北烤牛肉

在泰國的東北部，這道菜通常會用木炭烤，不會烤得很熟，幾乎是半熟的狀態，直接切片，和沾醬、薄荷葉、整顆蒜頭一起吃，屬於很傳統的泰式吃法。還有另一種醃牛肉的方法，直接將牛肉抹鹽，用木炭烤，配一樣的沾醬，和蒜頭、整條朝天椒一起吃，或是配牛的膽汁一起吃，泰國人很喜歡這樣的口味。

食材（4 人份）

250g	牛後腿肉或無骨牛小排（厚度 1.5cm）

醃肉用調味料 A

50ml	椰奶
40g	香茅（切圓薄片）
20g	蒜頭（切片）
20g	香菜根（切段）

醃肉用調味料

3ml	魚露
3g	砂糖
1/2t.	老抽
1t.	蠔油
5ml	沙拉油
1/2t.	金山醬油
1/2t.	白胡椒粉

沾醬

材料作法請參閱 P. 77 魚露炸雞翅

作法

1 將 A 料放入果汁機，攪打成細緻的質感，再放入其他調味料攪拌均勻。

2 將牛肉放入醬料裡醃，再放入冰箱冷藏，每隔 15 分鐘取出抓拌，醃約 2 個小時。

3 煎之前再次抓拌，放入油鍋裡，煎（或炸）至兩面上色，不需要煎太熟。|A

4 沿著肉的紋理切成厚 0.7cm 的片狀，和沾醬一起盛盤即可。|B

ที่.10
Stir Fry

เนื้อแกะย่างตะไคร้

香茅烤羊排

泰國北部和南部的人，飲食比較重口味，羊肉的腥臊味很受歡迎，尤其是男生愛吃，因為羊肉的腥味比較重，有一些女生比較不喜歡。吃這道菜，通常會配口味重一點的沾醬，像書裡介紹的青醬，就是非常泰式的搭配，可以壓過羊肉的腥臊味。

食材（4人份）

8 片	帶骨羊小排（約 480g）

醃肉用調味料

40g	蒜頭（切末）
20g	南薑（切末）
60g	香茅（切末）
20g	老薑（切末）
2g	薄荷葉（切末）
40g	香菜根（切末）
少許	鹽
15ml	米酒
2t.	魚露
1t.	砂糖
少許	孜然粉
1t.	白胡椒粉
1/2t.	香菜籽（搗碎）

沾醬（青醬）

60g	香茅
3g	蒜頭
2 條	綠辣椒
3g	香菜根
5g	醃蒜頭
10g	椰糖
15ml	魚露
1/2t.	白砂糖
30ml	檸檬汁
5ml	醃蒜頭汁

作法

1 將羊排先切成一塊一塊，兩面都用肉鎚拍一拍。

2 將醃肉用的調味料攪拌均勻，放入羊小排醃約 30 分鐘。| A

3 起一油鍋，放入羊排煎（或用烤箱烤）至表面上色，不需要烤太久，以免肉質變得乾柴。| B

4 將沾醬的食材放入果汁機攪碎，即為沾醬。和羊排一起盛盤即可。

แพนง ปลาดาบ

紅咖哩燴白帶魚

這道紅咖哩的口味溫和，不會太辣，泰國中部的人很喜歡吃。這道菜適合用魚刺可以炸成酥酥的魚製作，不需要特別挑刺，可以很輕鬆地吃。泰國會用一種亮背鯰魚（ปลาเนื้ออ่อน）做這道菜，這一種魚在台灣不容易取得，因此，這裡選用口感肉質相近的白帶魚取代。這道菜非常下飯，配熱熱的茉莉香米飯，一次可以吃好幾碗飯。

食材（4 人份）

300g	白帶魚

醃肉用調味料

1t.	魚露
少許	白胡椒粉

調味料

30g	椰糖
80ml	椰奶
1t.	魚露
15ml	沙拉油
60g	紅咖哩膏
2g	檸檬葉（切絲）
35g	大辣椒（切絲）

作法

1. 將白帶魚切成 4cm 的段狀，再清洗乾淨，以魚露、白胡椒粉稍微抓醃。| A

2. 起一油鍋，油溫加熱至 160 度左右，放入白帶魚油炸，炸至呈現金黃色，撈起瀝油，盛盤備用。

3. 將沙拉油倒入鍋裡，開火加熱，再放入紅咖哩膏攪拌融化。接著，放入椰糖、椰奶攪拌融化，試味道，再放入魚露調整鹹度，起鍋前撒入檸檬葉絲和辣椒絲，稍微拌一下。| B

4. 將醬料淋在魚塊上即可。

TIPS

因為每一個品牌的紅咖哩膏鹹度不一，因此，放入魚露調味前，一定要先試味道，以免味道過鹹。

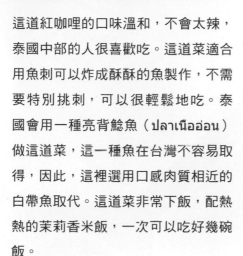

ที่.12

Stir Fry

ห่อหมก เนื้อปลา

紅咖哩蒸魚片 🌶

非常傳統道地的泰國家常料理，但是，製作的手續稍微繁瑣一點。醬料的比例不好拿捏，如果雞蛋放太多，整體的口感會偏硬，椰奶放得過多，質感則會太水。配白飯吃非常下飯，甜甜鹹鹹辣辣的，口感軟軟的，很好入口，每個吃過的人都會愛上這個滋味。

食材（4人份）

200g	鱸魚或鱧魚
1 顆	雞蛋
4 片	芭蕉葉
8 片	九層塔（取葉子部分）

調味料

30g	紅咖哩膏
15ml	沙拉油
10g	椰糖
10ml	魚露
100ml	椰奶
15ml	辣油
2g	檸檬葉（切絲）
3g	甲猜絲（切末）
1/2 條	大辣椒（切絲）

作法

1 將紅咖哩膏和沙拉油倒入鍋裡，加熱融化攪拌均勻，放涼備用。

2 將鱸魚切成長 3cm 寬 1.5cm 的片狀，燙熟後，洗淨放涼備用。

3 將芭蕉葉參閱 P.100～101 的圖示做成一個碗。在底層鋪上九層塔，再放入魚片。IA、B、C、D、E、F

4 將椰奶（95ml）、步驟 1、椰糖、雞蛋放入調理盆裡，用打蛋器攪拌成柔滑的質感。IG

5 加入辣油、魚露、檸檬葉絲、甲猜末攪拌均勻。

6 將步驟 5 倒入芭蕉碗裡，再將芭蕉碗放入碗中。IH

7 電鍋裡先放水蒸熱，再放入步驟 6 蒸 20 分鐘，開蓋，放上辣椒絲，繼續蒸 15 分鐘。

8 起鍋淋上椰奶（5ml），撒上少許的辣椒絲、檸檬葉絲點綴即可。

C

D

G

H

ที่.13

Stir Fry

แกงเผ็ด กุ้งสด สับปะรด

紅咖哩鳳梨蝦 🌶

泰國是熱帶國家，幾乎每天都很熱，很少有泰國人三餐都待在廚房煮飯，通常是一早就煮好一道菜，一整天就吃這道菜配飯，紅咖哩鳳梨蝦就是一個選擇，一次煮一鍋，隨時想吃都可以。配上茉莉香米飯，非常下飯。這道菜除了可以放海鮮之外，有些泰國人也會把海鮮換成烤鴨，做成紅咖哩烤鴨。

食材（4人份）

4 隻	白蝦或草蝦
60g	鳳梨（切丁）
2g	甲猜絲
6~8 片	九層塔
15g	青豆仁
1/2 條	大辣椒（切片）
2 片	檸檬葉（撕小片）
2 顆	小番茄（切四等份）
2 顆	泰國圓茄（切六等份）

調味料

1t.	魚露
30g	椰糖
250ml	椰奶
40g	紅咖哩膏

作法

1　蝦子去頭剝殼，開背去腸泥，洗淨備用。

2　鍋裡倒入椰奶，開火加熱，產生熱度起泡後，放入紅咖哩膏融化，再放魚露和椰糖，煮至滾沸。丨A

3　除了九層塔、大辣椒片和蝦子，放入其他配料。待鳳梨和泰國茄子稍微變軟，再放入蝦子。丨B

4　蝦子快煮熟時，放入九層塔和大辣椒片即可。

TIPS

泰國圓茄切完一定要泡鹽水，可以防止氧化變黑。

ที่.14

Stir Fry

ทอดมันปลา

魚餅 🌶

在泰國，這道菜會使用七星飛刀魚（ปลากราย）製作，用湯匙刮魚肉做成魚漿，這個魚種在台灣不常見，因此，這道菜可以替換成任何一種魚料理，泰國料理的包容性很高，彈性也很大，沒有太多料理的規矩，只要好吃就可以。這道菜製作完成的魚漿，除了可以炸成魚餅，也可以做成魚丸子，調味成咖哩魚丸子，變化出很多菜色，是每個泰國家庭很常吃的一道菜，在街邊的攤販也很常見，泰國人喜歡隨手買一些，帶在身上當零食點心吃。

食材（4 人份）

300g	魚漿
1 顆	雞蛋
3g	檸檬葉（切絲）
80g	長江豆（切圓片）

調味料

1t.	魚露
45ml	沙拉油
45g	紅咖哩膏
少許	白胡椒粉

沾醬

60g	燒雞醬
5g	花生粉（有顆粒）
3~4 片	香菜葉（切碎）
2g	大辣椒（切圓片）
10g	小黃瓜（切圓薄片）
4g	紅蔥頭（切絲）

A

B

作法 —————————

1 將紅咖哩膏和沙拉油放入鍋裡，加熱攪拌融化，放涼備用。

2 將食材、步驟1、魚露和白胡椒粉攪拌均勻，摔打至產生黏性，再捏成厚 1cm 直徑 3cm 的圓餅狀。|A、B、C

3 起一油鍋，油溫加熱至 160 ～ 180 度，放入魚餅油炸，炸至魚餅膨脹浮起，呈現金黃色，撈起瀝油。|D

4 將沾醬的材料攪拌均勻，和魚餅一起盛盤即可。

ที่.15

Stir Fry

ผัด กะเพรา หมู

打拋豬 🌶🌶

台灣的泰國餐廳一定會有這道菜，當然，這道超級經典的國民美食，也是泰國人的最愛，每一個泰國人，從小到大，一個月至少有 25 天都會吃這道菜。這道菜就像是泰國版的滷肉飯，口味很夠，很下飯。在泰國，這道菜配白飯和荷包蛋一起吃，是很經典普遍的組合。豬肉可以換成雞肉或牛肉，喜歡辣一點口味的人，辣椒末可以放多一點，隨個人口味調整。因為台灣不容易買到打拋葉，就用香氣相近的九層塔取代，也很對味。

食材（4 人份）

250g	梅花豬絞肉
50g	洋蔥（切丁）
20g	蒜頭（切末）
1 條	朝天椒（切末）
1/3 條	大辣椒（切圓片）
15~20 片	九層塔或泰國打拋葉

調味料

1t.	魚露
1/2t.	蠔油
1/4t.	砂糖
2t.	米酒
1/2t.	老抽
1/2t.	金山醬油
1/4t.	白胡椒粉

作法

1 倒油熱鍋，放入蒜末、辣椒末爆香。

2 放入豬絞肉、洋蔥丁拌炒，炒至八、九分熟。｜A

3 放入魚露、蠔油、金山醬油、砂糖調味拌炒，產生香氣後，加入米酒、白胡椒粉，再放入老抽上色。

4 放入九層塔和大辣椒片，大火快炒一下即可。｜B

ที่.16

Stir Fry

แกงเขียวหวาน ไก่

綠咖哩雞 🌶🌶

泰國家家戶戶都會煮的一道料理，甚至在街頭的路邊攤也經常出現。在泰國，會用一種很像青豆仁的茄子（原文為 มะเขือพวง）取代青豆仁，在台灣買不到，因此用青豆仁取代。但是，泰國人在家煮這道菜，為了求方便快速，不會先將雞肉燙過去腥味，直接放入醬料煮，不那麼講究，讓香料蓋過雞肉的腥味。

食材（4 人份）

300g	雞腿（去皮去骨）
2 顆	泰國圓茄（切六等份）
5g	長江豆（切 1.5cm 段）
10g	紅蔥頭（切丁）
15g	青豆仁
2g	甲猜絲
2 片	檸檬葉（撕小片）
1/4 條	大辣椒（切片）
8~10 片	九層塔

調味料

250ml	椰奶
30g	椰糖
10ml	魚露
1/2t.	黃薑粉
40g	綠咖哩醬

作法

1 將雞肉切成條狀，燙熟去除腥味，撈起瀝乾備用。

2 倒油熱鍋，放入紅蔥頭丁爆香，再放入綠咖哩醬拌炒至融化。｜A

3 加入黃薑粉，拌炒均勻，再放入椰奶，煮至滾沸。

4 放入魚露和椰糖調味，再放入茄子、長江豆、檸檬葉、辣椒片、甲猜絲，繼續煮至滾沸。

5 放入雞肉，煮至茄子變軟，代表雞肉開始入味。

6 放入青豆仁、九層塔，稍微煮滾即可熄火起鍋。｜B

ที่.17

Stir Fry

ห่อหมก
เห็ดรวม

泰式傳統蒸菇 🌶

泰國人種田的時候，會帶去田裡吃的一道傳統料理，適合辛苦工作的人吃，非常下飯。種田很費勞力，芭蕉葉的香氣可以解除疲勞，是一道很療癒的農事料理。早上出門就帶去田裡，當成午餐，如果想吃熱的，也可以再用炭火加熱，別有一番風味。

食材（4 人份）

5g	香茅（切末）
15g	紅蔥頭（切絲）
1/2 條	大辣椒（一半切末、一半切片）
各 60g	綜合菇類（金針菇、白精靈、秀珍菇、鴻禧菇）
1 顆	雞蛋
5~6 片	九層塔
8 片	芭蕉葉

調味料

8ml	魚露
1/3t.	砂糖
45ml	椰奶

作法

1 將紅蔥頭絲、香茅末、大辣椒末放入杵臼搗碎。（如果喜歡吃辣，可以再放入朝天椒）| A

2 放入所有的調味料，搗至融化，取出放入調理碗。

3 再放入所有洗淨的菇類、雞蛋、九層塔和辣椒片抓拌。| B

4 使用兩層芭蕉葉，參閱 P.114 ～ 115 的圖示將步驟 3 包起來，以牙籤固定。| C、D、E、F、G、H

5 放入鍋子蒸煮 10 ～ 12 分鐘或是在電鍋的內鍋放水蒸熟，搭配魚露辣椒即可。

ที่.18
Stir Fry

ผักบุ้ง
ผัดกะปิ

蝦醬空心菜

在泰國，每一間餐廳都會賣這道菜。空心菜是很普遍便宜的一種蔬菜，泰國的空心菜品種很多，有的適合煮熟，有的適合生吃，生長在河裡的紅根空心菜，泰國人通常會生吃，搭配青木瓜沙拉一起吃。蝦醬的味道非常強烈，如果不太能接受，以豆豉調味也是很不錯的選擇。

食材（4 人份）

15g	蒜頭（切末）
5~6 隻	蝦米
250g	空心菜（切 4cm 段）
7g	朝天椒（切末）
3g	大辣椒（切斜片）
70ml	水或高湯

調味料

10g	蝦醬
1/2t.	魚露
1t.	蠔油
1/2t.	砂糖
1/2t.	金山醬油
少許	白胡椒粉

作法

1. 倒油熱鍋，放入蒜末、辣椒末、辣椒片爆香，再放入蝦醬，一定要炒散。|A

2. 放入蝦米，再放入水或高湯煮滾。

3. 放入空心菜和辣椒片拌炒。|B

4. 放入其他調味料，大火翻炒即可。

ที่.19

Stir Fry

ไข่เจียว กุ้งสด มะระ

苦瓜蝦仁烘蛋

烘蛋也是泰國人很愛的家常料理，在蛋裡拌入任何食材或是香料，表皮煎得焦焦脆脆的，光是想像都會流口水。苦瓜和蝦子的組合清淡爽口，運用蝦子的甜味去除苦瓜的苦味，是很有趣的食材搭配。這種烘蛋通常會配加入檸檬汁的魚露辣椒一起吃。

食材（4人份）

150g	苦瓜
3 顆	雞蛋
8 隻	蝦仁

調味料

少許	砂糖
1t.	金山醬油
1/3t.	白胡椒粉

作法

1 將苦瓜去籽，切成厚 0.7cm 的片狀。起一鍋滾水，放入鹽、砂糖和沙拉油，將苦瓜燙熟，撈起瀝乾水分備用。

2 將蝦仁燙熟，撈起瀝乾備用。

3 將雞蛋和蝦仁放入調理碗拌勻，再放入調味料和苦瓜拌勻。｜A

4 倒油熱鍋，倒入步驟 3，煎至雙面都呈現焦脆的狀態即可。｜B

RICE & NOODLE

一盤飯或麵

就會飽飽！

Chapter. **3**

ที่.1
Rice & Noodle

ข้าวผัดรถไฟ

火車炒飯

這是一道在火車站或火車上很受歡迎的人氣料理，類似火車便當的概念，是泰國人搭火車經常選擇吃的經濟料理，30泰銖可以買到。對於氣味很鮮明的泰式料理來說，相對地，這道炒飯的味道不是那麼明顯，適合在火車這種密閉空間享用，不會影響其他乘客。和台灣人熟悉的打拋豬，並稱火車的明星料理。甜甜鹹鹹的口味，大人小孩都愛，通常會搭配小黃瓜片、魚露辣椒一起吃。

食材（4人份）

280g	白飯
80g	豬里肌肉（切片）
25g	洋蔥
1/2 顆	大番茄
80g	芥藍菜
10~12 粒	葡萄乾
1 顆	雞蛋

醃肉用調味料

15ml	水
少許	鹽
1/2t.	砂糖
1t.	沙拉油
1t.	太白粉
少許	白胡椒粉
1/2 顆	蛋白

調味料 ─────────────

1/2t.	鹽
1/2t.	砂糖
1/2t.	魚露
15g	番茄醬
1/2t.	白胡椒粉
少許	金山醬油

作法 ─────────────

1 將所有醃肉用的調味料放入調理碗，再放入豬肉抓拌，靜置約 15 分鐘。燙熟，撈起瀝乾備用。

2 將芥藍菜切成 1.5cm 的段狀，削掉外皮備用。大蕃茄切成厚 1cm 的半圓片。洋蔥切成小方塊。

3 倒油熱鍋，放入豬肉和洋蔥丁稍微拌炒，再放入打散的雞蛋。| A

4 放入白飯拌炒，再放入番茄、芥藍菜，炒至番茄和芥蘭菜熟軟，再加入所有的調味料調味，炒至白飯呈現乾爽的狀態。| B、C、D

5 放入葡萄乾稍微翻炒，再以少許的白胡椒粉提味即可。

ที่ .2

Rice & Noodle

ผัดไทยกุ้งสด

泰式炒河粉

經典街頭料理，全泰國隨處可以吃得
到，是每個泰國人都很熟悉的口味。
通常會配新鮮檸檬角、有顆粒的花生
粉、辣椒粉、砂糖一起吃，讓所有的
調味配料拌在一起，味道充分融合，
有酸有辣有甜，有花生的香氣，屬於
非常道地的泰國口味。另外，還會搭
配泡過冰水的韭菜段或是蔥段、小黃
瓜片、香蕉芯一起上桌，配著吃，清
爽的蔬菜和濃郁的河粉，彼此形成一
個平衡。在泰國的鄉村地區，店家通
常會用芭蕉葉當成容器打包，是泰國
很獨特的包裝方式。

食材（4 人份）

125g	河粉
4 隻	白蝦
80g	豆芽菜
40g	韭菜（切 4cm 段）
15g	豆干或是黃豆腐（切小片）
5g	菜脯（切末）
5g	蝦米（洗淨）
1 顆	雞蛋

調味料

30g	椰糖
15ml	魚露
1t.	老抽
7g	番茄醬
15g	羅望子醬
1/2t.	白胡椒粉
60ml	雞高湯或水

作法

1 將河粉泡冷水 1.5 個小時，瀝乾備
用。白蝦去頭剝殼，開背去腸泥
備用。

2 倒油熱鍋，放入打散的雞蛋拌炒。
再放入河粉翻炒，炒至河粉稍微
縮小。

3 放入豆干、蝦米、菜脯、蝦子翻
炒，待蝦子轉紅，將所有材料推
到鍋子邊緣。| A

4 加入羅望子醬、椰糖、魚露、番
茄醬調味，待醬料融化，翻炒全
部材料。

5 拌炒均勻後，放入雞高湯或水，
避免河粉黏在一起，再放入豆芽
菜、韭菜翻炒。| B

6 待蔬菜變軟，放入老抽和白胡椒
粉調味，稍微翻炒即可。

ที่.3

Rice & Noodle

ข้าวผัด สับปะรด

鳳梨炒飯

泰國中部的人比較常吃鳳梨炒飯，通常會配肉鬆、腰果一起吃，至於檸檬角、魚露辣椒、小黃瓜片則是所有炒飯料理必備的配料。泰國人在家裡比較少做這道菜，除非手邊剛好有鳳梨，否則，如果想吃這道菜，會到餐廳去吃，很方便。鳳梨是泰國很普遍便宜的水果，因此，做這道菜通常會使用新鮮鳳梨，不會用鳳梨罐頭。

食材（4人份）

250g	白飯
2 隻	白蝦
4 片	花枝
1 顆	雞蛋
60g	鳳梨（切丁）
10g	青豆仁
15g	白洋蔥（切丁）
10g	小番茄（切丁）
10g	葡萄乾

調味料

1/4t.	鹽
2/3t.	砂糖
8g	黃薑粉
1/2t.	黃咖哩粉
少許	白胡椒粉
1/3t.	金山醬油

作法

1 將白蝦剝殼去頭去尾，開背去腸泥備用。燙熟蝦子和花枝片，撈起瀝乾備用。

2 倒油熱鍋，倒入打散的雞蛋、白飯拌炒均勻。| A

3 放入洋蔥丁、葡萄乾、青豆仁、番茄丁、鳳梨丁、步驟1一起翻炒。

4 放入所有的調味料，最後再以白胡椒粉提味，炒至白飯呈現乾爽的狀態即可。| B

ที่.4

Rice & Noodle

ข้าวเหนียว

糯米飯

糯米飯是泰國人很重要的澱粉來源，不管是吃沙拉、燒烤或是咖哩類的料理，幾乎都會配著糯米飯一起吃。每一個熟食的攤販，一定會賣一包包的糯米飯，一包 10 泰銖，讓客人帶著走，不需要餐具，直接吃很方便。特別在泰國的東北部，大部分的人三餐都吃糯米飯。

食材（4 人份）

300g 長糯米

作法

1 將長糯米泡水 3 個小時，瀝乾糯米，紗布放入內鍋，再放入糯米，內鍋不再放水，外鍋放水，大約蒸 40 ～ 45 分鐘。

2 將蒸好的糯米取出放涼即可。

ที่ .5
Rice & Noodle

ยำ บะหมี่แห้ง

泰式乾拌麵

這道菜有點像台灣的麻醬涼麵,當然調味是截然不同,料理方式卻大同小異,屬於泰式風味的涼麵。在泰國,這是非常普遍的菜,不管你到哪裡,泰國人會在家裡自己做,街邊的攤販也隨處可見。尤其在泰國的加油站,常常會賣這一款乾麵,加個油順便買一碗麵吃,在車上吃很方便,味道甜甜鹹鹹,很適合天氣炎熱的時候吃,特別適合夏天的台灣。

食材（4 人份）

250g	雞蛋麵
60g	豬絞肉
3g	香菜
20g	韭菜（切 4cm 段）
50g	豆芽菜
80g	高麗菜（切絲）
40g	花生粉（有顆粒）

調味料

100g	涼拌醬（作法請參閱 P.30）
100g	燒雞醬

作法

1 將豬絞肉燙熟,撈起瀝乾備用。

2 將雞蛋麵燙熟,撈起沖冷水,瀝乾備用。│A

3 將所有食材和雞蛋麵拌勻。

4 淋上調味料拌勻,撒上花生粉（份量外）和香菜即可。│B

SOUP／
很夠味的湯。

Chapter. **4**

ที่.1

Soup

ต้มจืดมะระยัดใส้หมูสับ

苦瓜封肉湯

苦瓜是泰國料理中很常見的食材，有些泰國人甚至會在家中的圍籬種苦瓜，適合來用煮湯或是快炒，都是很普遍的家常料理。泰國人生病或是身體不太舒服的時候，尤其是產婦，口味不適合吃太辣，因此，這道苦瓜封肉湯的調味相對清淡，這個時候吃正好。泰國人覺得苦瓜可以幫忙排出身體裡的毒素。

食材（4 人份）

1 條	苦瓜（白色或綠色皆可）
250g	梅花豬絞肉
5g	薑（切絲）
20g	蔥（切末）
10g	芹菜（切末）
5g	香菜葉（切末）
5g	香菜根
2~3 顆	蒜頭
1t.	蒜油（作法請參閱 P. 29）
700ml	雞高湯

調味料

1/2t.	鹽
1/4t.	砂糖
1/4t.	白醬油
1/4t.	白胡椒粉

A

B

肉餡用調味料 ──────────

1/2t.	鹽
1/4t.	砂糖
1 顆	蛋白
1t.	白醬油
3t.	太白粉
1/2t.	白胡椒粉
3g	香茅（剁碎）
8g	香菜根（剁碎）
1g	檸檬葉（剁碎）

雞高湯作法 ──────────

1 將 1kg 的雞骨汆燙去血水，洗淨。

2 用 3000ml 的水，熬煮雞骨，煮成 1500 ～ 1800ml 的高湯，過濾即完成。

作法 ──────────

1 將苦瓜切成 4cm 的段狀，挖掉中間的籽，燙熟（水裡放入少許鹽和糖），撈起泡冰水備用。

2 將豬肉和肉餡用的調味料拌勻，再摔打至產生黏度和彈性。

3 苦瓜內緣抹上少許的太白粉，填入肉餡，讓表面稍微隆起。IA、B、C

4 起一鍋滾水，放入鹽和砂糖（份量外），再放入苦瓜封肉，煮 20 ～ 25 分鐘，盛起備用。

5 起一鍋雞高湯，放入薑絲、蒜頭、香菜根和調味料，煮至滾沸，再放入苦瓜封肉，以小火燉煮 5 分鐘。

6 熄火，撒上蔥末、芹菜末、香菜末、蒜油即可。

ที่ .2

Soup

ต้มยำ
กระดูกหมูอ่อน

軟骨湯 🌶🌶

傳統的泰國家庭料理,特別想要吃有
酸有辣的料理時,一定會煮這道湯來
吃。在泰國一些比較落後的地方,會
用木炭慢慢燉煮這道湯,可以煮出很
醇厚的香味。泰國人也會用雞爪取代
軟骨,雞爪的嚼勁和口感,適合配飯
和下酒。

食材（4 人份）

200g	豬軟骨（洗淨切塊）
2g	蔥（切末）
3g	香菜
15g	香茅（切段）
5g	南薑（切片）
40g	洋蔥（切片）
3 片	檸檬葉（切片）
2 條	朝天椒
8g	香菜根
2 顆	小番茄（切四等份）
25g	秀珍菇（除了香菇,其他菇類皆可）
800ml	雞高湯（作法請參閱 P.139）

調味料

1/2t.	鹽
25ml	魚露
1/4t.	砂糖
35ml	檸檬汁

作法

1 將高湯倒進鍋裡,放入全部的香
料配料,不必等水滾再放。

2 煮至滾沸,放入軟骨,撈出表面
多餘的雜質。|A

3 煮至軟骨稍微變軟,放入秀珍菇,
再放入鹽、魚露、砂糖調味。|B

4 繼續煮約 1.5 個小時,再放入檸
檬汁、蔥末、香菜即可。

ที่.3

Soup

ต้มยำเห็ดรวม น้ำใส

香茅野菇湯 🌶

在泰國的鄉下，很多家庭會去田裡採野生的菇類，甚至有些鄉下泰國人會自己種植菇類，運到城市賣，尤其是山邊經常出現賣菇的攤販，潮濕的氣候環境，菇類長得特別好，因此，菇類是一個很普遍的泰國食材，尤其喜歡用菇類來熬湯，特別鮮甜。泰國的菇類各式各樣，紅色、黃色、黑色，應有盡有。

食材（4 人份）

70g	香茅（切段）
40g	南薑（切片）
3 片	檸檬葉
1 條	朝天椒（切片）
3 條	乾辣椒
2 顆	小番茄（切四等份）
1 顆	紅蔥頭（拍過再切四等份）
40g	洋蔥（切片）
25g	金針菇
30g	白精靈
100g	秀珍菇
60g	鴻禧菇（除了香菇，其他菇類都可以）
少許	香菜或九層塔
800ml	雞高湯（作法請參閱 P.139）

調味料

1/2t.	鹽
35ml	魚露
40ml	檸檬汁

作法

1　將 300ml 的水倒入鍋裡，再放入香茅、檸檬葉、乾辣椒（份量外），小火煮，濾出香料湯備用。| A

2　將步驟 1 倒入雞高湯中，再放入香茅、檸檬葉、南薑、紅蔥頭、洋蔥、小番茄、朝天椒、乾辣椒煮至滾沸、再放入所有的菇類。| B

3　放入鹽、魚露、檸檬汁調味。

4　撒上香菜或九層塔即可。

ที่.4
Soup

ต้มข่าไก่

南薑雞湯 🌶🌶

在泰國，會用土雞煮這道湯品，帶骨一起煮，小火慢燉，是傳統的煮法。煮至湯有點濃稠度，口味上有點酸、有點辣，配白飯吃，一次可以吃好幾碗飯。正統作法是整隻雞帶骨一起煮，但是在台灣，大部分使用的是養殖雞，雞皮容易有腥味，所以最好去皮、去骨。

食材（4人份）

300g	雞腿（去皮去骨）
800ml	雞高湯或水
40g	南薑（切片）
60g	香茅（切段）
3 片	檸檬葉
2 條	朝天椒
35g	洋蔥（切片）
1 顆	紅蔥頭（拍過再切四等份）
2 顆	小番茄（切四等份）
6~7g	香菜根
5g	香菜葉

調味料

1/2t.	鹽
25ml	魚露
1/4t.	砂糖
35ml	檸檬汁
150ml	椰奶
少許	辣油

作法

1 將雞腿燙熟去腥味，撈起瀝乾備用。｜A

2 在雞高湯或水裡，加入所有的香料和蔬菜一起，煮至滾後，放入燙熟的雞肉。

3 再度煮至滾沸，放入魚露、砂糖、鹽，再放入椰奶。｜B

4 放入檸檬汁調味，撒上香菜葉和辣油即可。

ที่.5

Soup

ต้มยำกุ้ง

酸辣蝦湯

台灣人很熟悉的一道泰國湯品，幾乎每個人都會喜歡這個口味，蝦子也可以用其他海鮮像是花枝或魚片取代。喜歡清湯質感的人，可以不放辣椒膏，也不需要放奶水，就可以做出清爽風味的酸辣蝦湯。

食材（4 人份）

8 隻	草蝦或白蝦（剝殼開背去腸泥）
60g	秀珍菇
800ml	雞高湯或水
60g	香茅（切段）
3 片	檸檬葉（撕小片）
40g	南薑（切片）
40g	洋蔥（切片）
1 顆	紅蔥頭（拍過再切四等份）
2 顆	小番茄（切四等份）
2 顆	朝天椒（拍過）
7g	香菜根
5g	香菜葉
3~4 條	乾辣椒

調味料

1/4t.	鹽
1/4t.	砂糖
25ml	奶水
20ml	魚露
45ml	檸檬汁
40g	辣椒膏

作法

1　在雞高湯或水裡，放入所有的香料和蔬菜，煮至滾後，以小火續煮 5 分鐘，煮出香料的香氣。｜A

2　放入辣椒膏，攪拌融化，再次滾沸後，放入蝦子。｜B

3　放入糖、鹽、魚露調味，熄火，放入乾辣椒。

4　倒入奶水，擠入檸檬汁，撒入香菜葉即可。

ที่.6

Soup

ต้มจืดลูกชิ้น หมูสด ผักดอง

豬肉丸子醃菜湯

泰國菜不是每一道都酸酸辣辣，絕對會顛覆你對泰國菜的印象。運用醃菜的酸味和鹹味，以及肉丸子的香氣，組合成讓人食慾大開的口味。每個泰國家庭都會煮這一道湯，屬於很常見的家常菜。泰國人有時候會用帶骨的豬肉取代豬肉丸子。天氣很熱，醃菜是泰國很常見的常備食材，每一個家庭都會有醃菜甕，自製醃菜，隨時都可以拿來入菜。有些泰國人會直接吃醃菜，當成下酒菜。

食材（4人份）

100g	梅花豬絞肉
150g	醃菜
3g	蔥（切末）
2g	芹菜（切末）
3~4g	香菜（切段）
5g	嫩薑（切絲）

調味料

1/4t.	鹽
1/2t.	砂糖
1/4t.	白醬油
1/4t.	白胡椒粉
1t.	蒜油（作法請參閱 P. 29）

肉丸子用材料 ─────────

2g	蔥（切末）
3g	芹菜（切末）
2g	香茅（切末）或香茅粉
7g	香菜根（切段）
1/4t.	鹽
1/2 顆	雞蛋
2t.	太白粉
1/2t.	白醬油
1/4t.	白胡椒粉
1g	老薑或嫩薑（切絲）

作法 ─────────

1 將梅花豬絞肉再次剁細一點備用。

2 將絞肉和所有肉丸子的配料抓拌，摔打至產生黏性，再擠成直徑 3cm 的小圓球，放入滾水燙熟，撈起備用。1A、B

3 將醃菜切小片洗淨，過一下熱水，撈起備用。1C

4 在雞高湯或水裡放入薑絲，煮至滾沸後，放入醃菜，持續煮至滾沸，放入鹽、白醬油、糖、白胡椒粉調味。

5 放入豬肉丸子，再煮至滾沸。1D

6 熄火，撒上蔥末、芹菜末、香菜段、蒜油即可。

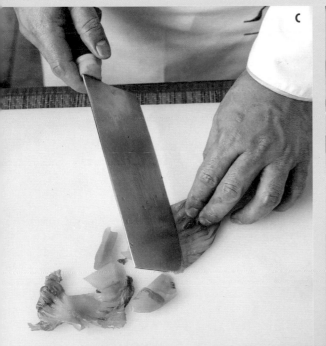

港式甜點

DESSERT / 刨冰剛剛好。

Chapter. **5**

ที่ .1
Dessert

บวช มันเทศ

地瓜椰奶甜湯

這是一款很有彈性又討喜的甜點，吃熱的或吃涼的都可以。在泰國，通常會加入一點碎冰，整體的口感冰冰涼涼甜甜。有些人會用熟透的芭蕉取代地瓜，一樣很好吃。在學校或是廟宇的活動，很常見到這道甜點，因為食材很便宜，作法又很簡單，用來請客最適合。

食材（4 人份）———————

300g	地瓜
400ml	椰奶
2 片	香蘭葉

調味料 ———————

少許	鹽
40g	椰糖

作法 ———————

1 將地瓜洗淨削皮，切成寬 1cm 長 2cm 的條狀。| A

2 將椰奶倒入鍋裡，放入香蘭葉，開火。| B

3 煮至滾沸，放入地瓜條。

4 再度滾沸出現泡泡後，放入椰糖和鹽調味，稍微再滾一下即可。

ที่ 2
Dessert

ฟักทอง สังขยา

南瓜布丁

泰國的南瓜很便宜,綠色外皮皺皺醜醜的,口感卻很甜很綿,用來做甜點非常適合,但是,在台灣買不到,因此,我就用口感接近的橘色南瓜取代,一樣很好吃。有些泰國人會在家裡種南瓜,因為很容易生長,南瓜可以說是泰國人經常運用的食材。為什麼這道布丁不用雞蛋,而用鴨蛋?因為鴨蛋蒸熟的顏色比較漂亮,質感也比較紮實,香蘭葉則可以用來去除鴨蛋的腥味,是一道食材完美合作的甜點。

食材(4 人份)

1 顆	南瓜
3 顆	鴨蛋
400ml	椰奶
4 片	香蘭葉
2t.	玉米粉
2t.	在來米粉

調味料

少許	鹽
70g	椰糖

作法

1. 將南瓜挖空取出南瓜肉,切成小條狀。

2. 將鴨蛋、香蘭葉、椰糖放入調理盆,用手搓揉至融化。IA

3. 加入椰奶、鹽、在來米粉、玉米粉,用打蛋器攪拌均勻,呈現像水一樣的質感,再用棉布過濾。

4. 將挖空的南瓜用保鮮膜包住防止散開,倒入過濾好的蛋液。IB

5. 鍋裡放水加熱至冒煙,再將南瓜盅放入蒸煮。

6. 蒸 25 ~ 30 分鐘,取出放涼,切塊即可。

ที่.3
Dessert

ขนมปัง
สังขยาใบเตย

香蘭葉醬吐司

泰式奶茶或是咖啡店通常會賣的一道甜
點，泰國人在家也會自己做，尤其是晚
上想吃甜食的時候，就會做這道甜點來
吃。買回便宜的麵包，沾香蘭葉醬吃，
是泰國人很喜歡的吃法。喜歡吃甜的泰
國人，會將這個香蘭葉醬，淋在甜糯米
（作法請參閱 P.165 芒果甜糯米）上吃，
超級好吃。

食材（4 人份）

2 顆	鴨蛋
300ml	椰奶
200ml	奶水
2t.	地瓜粉
2t.	玉米粉
8 片	香蘭葉
4 片	吐司

調味料

少許	鹽
60g	椰糖

A

B

作法

1 將香蘭葉（4片）洗淨切細，放入果汁機，加水攪打，再過濾出香蘭葉汁備用。| A

2 將鴨蛋、香蘭葉（4片）、椰糖、鹽放入調理盆，用手搓揉，搓至融化。| B

3 加入椰奶、奶水、地瓜粉、玉米粉攪拌均勻，用棉布過濾。再加入步驟 1，開火煮至沸騰冒泡，呈現濃稠狀、帶有光澤感的綠色，並產生香蘭葉的香氣。| C、D

4 將吐司蒸熱或烤，和香蘭葉醬一起盛盤即可。

TIPS

* 做好的香蘭葉醬可以放入冷凍冷藏，想吃的時候微波爐解凍攪拌即可。
* 在曼谷，這一道甜點有新的吃法，直接將兩片吐司塗上香蘭葉醬，中間夾上一片起司，切成三角形，鹹鹹甜甜的口味，也非常好吃。

ที่.4

Dessert

วุ้น
มะพร้าวอ่อน

椰子凍

位處熱帶的泰國，椰子入菜做成甜點很常見，做這道甜點選用的椰子肉，盡量挑口感嫩一點的，配合果凍的質感，吃進去的口感一致，會更好吃。這是一道可以有很多變化的甜點，隨個人喜好加入各種水果，做成繽紛的果凍，不但賞心悅目，吃起來冰涼可口。

食材（4 人份）

80g	新鮮椰肉或罐頭椰肉
1/2t.	洋菜粉
200ml	椰奶

調味料

少許	鹽
30g	砂糖

作法

1 將水加入洋菜粉攪拌，開火煮至滾沸，再加入砂糖、鹽調味。| A

2 將步驟 1 先倒入容器（圓形或方形皆可）的一半，放上椰子片，用叉子將椰子片錯開。| B

3 將剩下的步驟 1，加入椰奶繼續煮，煮滾後熄火。

4 倒入容器，變成兩層的果凍，待其固化，再放入冷箱冷藏即可。

▶ TIPS ▶

如果覺得製作兩層果凍步驟麻煩的人，也可以一次將所有的材料放進鍋子裡，煮沸後直接倒入容器裡，冷卻固化即完成。

ที่.5

Dessert

ข้าวเหนียว มะม่วง

芒果甜糯米

每個去過泰國的台灣人，一定不會錯過這道甜點，屬於泰國人的國民甜點。但是，我發現很多台灣人的吃法不道地，這道甜點一定要糯米和芒果一起入口，才是正確的吃法，分開吃就吃不出繽紛的口感。在泰國，喜歡把甜點的顏色做得很鮮豔，因此，常常會使用色素，為了講求健康，則會用一種植物性的染料，像是這道甜點中的糯米飯，就可以放入蝶豆花染成藍色，或是放入蝶豆花和檸檬汁，會變成紫色，讓視覺更豐富，增加品嚐的樂趣。

食材（4 人份）

1 顆	芒果
150ml	椰奶
200g	長糯米
1 片	香蘭葉
1t.	玉米粉

調味料

少許	鹽
40g	砂糖

作法

1 長糯米泡水 3 個小時，瀝乾糯米，將紗布放入內鍋，再放入糯米，內鍋不再放水，外鍋放水，大約蒸 40 ～ 45 分鐘，取出放涼備用。

2 將椰奶、砂糖、鹽、香蘭葉放入鍋裡一起煮，煮至砂糖融化，產生香蘭葉的香氣。

3 將糯米放入鍋裡，趁熱倒入一部分的步驟 2，小火煮至產生光澤感，糯米呈現分開的狀態即可，離火靜置備用。IA

4 將玉米粉加水融化，放入剩下的步驟 2，開火煮滾，用濾網過濾備用。IB

5 將糯米和切好的芒果盛盤，淋上步驟 4 即可。

TIPS

這一道甜點選用的芒果，什麼品種都可以，只要夠甜夠熟。

ที่.6

Dessert

ทับทิม กรอบ

紅寶石

在泰國靠湖的地方，馬蹄生長得很旺盛，下雨天會漲潮，等到夏天乾燥，可以挖到很多馬蹄，我小的時候就常常去挖馬蹄。馬蹄在泰國是很常見的食材，有些泰國人會直接生吃，也很適合做成甜點，脆脆的口感很有趣。

馬蹄的泰文還有一個稍微不好的含義，指的是追不到女人的男人，因此，也成為這道甜品命名的由來，馬蹄要換成紅寶石，才能機會抱得美人歸。

食材（4 人份）

10 顆	馬蹄罐頭或新鮮馬蹄
200ml	椰奶
60g	太白粉
1 片	香蘭葉
少許	紅色色素

調味料

少許	鹽
50g	椰糖或砂糖

作法

1 將新鮮馬蹄切丁，汆燙瀝乾備用。

2 倒入色素，抓拌均勻，再放入太白粉拌勻。I A

3 起一鍋滾水，放入馬蹄，煮成透明的質感，再取出泡冷水（不需要泡冰水，外皮才會 Q 彈）備用。I B

4 將香蘭葉、椰奶、水（60ml）放入鍋中，加入椰糖（或砂糖）、鹽調味。

5 煮至滾沸，產生香蘭葉的香氣，熄火放涼備用。

6 將紅寶石盛碗，放上碎冰，淋上步驟 5 即可。

ชานมเย็น

泰式奶茶

泰式奶茶在泰國大大小小的餐廳都會賣，泰國人也會自己在家煮，是一款大人小孩都喜歡的飲料，大部分的時候是喝冰的，有些人也會微波加熱再喝，甜度則可以用煉乳的份量來增減。在泰國看到的奶茶通常是橘色的，茶葉裡有加入紅色的色素，煮出紅色的茶湯，加入煉乳之後，就變成橘色的飲料。台灣無法進口這種泰式奶茶粉，只能買得到沒有摻入色素的泰式茶葉，煮出來的奶茶口味一樣，只是外觀看起來就沒那麼鮮豔。

食材（4 人份）

30g	泰式茶葉
1200ml	水
80ml	煉乳
1 罐	奶水

作法

1　起一鍋滾水，放入茶葉，滾到全部的茶葉都浸濕。

2　蓋上鍋蓋，保留一點空隙，再以小火煮 50 分鐘～1 個小時。

3　用棉布過濾，以湯匙按壓茶葉，濾出茶湯，再隔水冰鎮。| A、B

4　加入煉乳、奶水調味攪拌即可。

ที่.8

Dessert

ลูกชุบ

果漾綠豆仁

泰國傳統的甜點，在結婚喜慶或是出家當和尚的活動，經常可以看見這款甜點。每當出現這道甜點的時候，代表主人很用心，是一種很大的心意。在泰國的市場或是路邊攤，也容易買得到，做成蔬果的小小造型，不但外觀可愛討喜，吃起來也很好吃。

食材（4人份）

100g	綠豆仁
80ml	椰奶
1t.	洋菜粉
200ml	水
少許	各色色素

調味料

少許	鹽
50g	砂糖

作法

1 將綠豆仁洗淨蒸軟，待其冷卻，加入椰奶、砂糖、鹽，用果汁機攪打。

2 將步驟1放入鍋裡，煮至收乾。如果不夠乾，用微波爐加熱至收乾。

3 將綠豆泥捏出個人喜好的形狀，插入牙籤，再放入色素中染色。｜A

4 將洋菜粉加水煮滾備用，將染色過的綠豆仁沾上洋菜粉水，再裝飾上葉子即可。｜B

ที่.9

Dessert

น้ำ ดอกอัญชัญ

蝶豆花茶

蝶豆花是一種植物，在泰國很受到歡迎，甚至有些人會自己種植。不但可以做成甜點、飲料、果凍，還被當成一種養生的食材，應用範圍很廣。泰國人會磨新鮮的蝶豆花，用來洗頭髮，據說可以讓頭髮變得更黑亮。另外，喝蝶豆花茶也可以幫助疏通血管裡的油脂，減少心血管的疾病。近幾年，才流傳到台灣，酸酸的味道很討喜。

食材（4 人份）

15 朵	蝶豆花（乾燥）
少許	綠茶葉
400ml	水

調味料

30g	蜂蜜
45ml	檸檬汁

作法

1 起一鍋滾水，放入蝶豆花，再放入少許的綠茶葉。| A

2 過濾後，冰鎮備用。| B

3 將蝶豆花茶盛杯，加入調味料攪拌即可。

三碗豬腳！
我的料理人生

離開家鄉尋夢

我來自泰國東北素林府的一個小鎮 อำเภอ
ปราสาท（Prasat），那裡就好像台灣的一些鄉
村地區，沒有太多現代化的建設，從小我是在
一個大自然圍繞的環境下長大。我有五個兄弟
姊妹，爸媽的工作是在市場擺攤賣菜，在我離
家去曼谷唸書之前，每天都跟著媽媽到市場賣
菜，在陰暗潮濕的小路上顧著菜攤。在這樣的
環境下，我對於食材自然有了很深刻的認識，
每天聽著市場裡的叫賣聲、來往路人的談話內
容，都在我的記憶裡留下印象，大概是我和料
理產生連結的緣起。但是，也因為市場裡不見
天日的破落氣氛，讓我想要繼續升學、出人頭
地的想法更加強烈，當時的我，一心想要為人
師表。

家境不允許，繼續升學要花的學費付不出來，
在我不斷向媽媽東求西求之下，希望她能讓我
到曼谷去讀書，找尋自己的未來。禁不住我的
苦苦哀求，她終於被我說服了，給了我家裡東
湊西湊的五百塊錢，隻身前往曼谷尋夢，一去
就是五年，期間不曾返家，也沒有多餘的錢返
家，當時的環境就是這麼艱難。

在曼谷讀書的期間，借宿在寺廟，每天跟著和尚化緣，有什麼就吃什麼，過著比在家裡還清苦的日子。因為沒有足夠的錢買新制服，一再被寺廟的老師警告，只好冒著非法的危險，一個人在異地裡找可以投靠的零工，後來，在餐廳洗碗，蹲在陰暗的小巷子裡，埋頭地洗，一洗就是兩年。我的青少年時期，就是不停地工作，只有努力地賺錢，讀書夢才有辦法繼續。

終於走在回家的路上

17 歲從寺廟學校畢業之後，我終於有了理由和足夠的錢回家探望爸媽，心裡的感覺很複雜，回想起剛到曼谷的那一段時間，我每天早上幾乎都在哭，因為想念媽媽，想到清晨六點的時間，正是我和媽媽一起坐在市場裡叫賣的時光。一晃眼，五年過去了，我和媽媽好久不見。

回到家鄉，走到媽媽工作的市場邊，看著媽媽依舊在叫賣的身影，樣子卻有點憔悴，我忍不住一直掉眼淚，想到自己為了堅持讀書的夢想，而無法幫忙媽媽賣菜，情緒裡有自責、有不捨。擦乾眼淚，我堅持不想要讓媽媽擔心，走到媽媽身邊，拿著我的畢業證書給媽媽，媽媽一看到我，馬上對我又抱又親，一直喊著：「我的孩子回來了。」這時的我，

在心裡暗自許下心願，一定要更努力工作，賺更多的錢，讓媽媽過好日子。

到更遠的地方圓夢

從家鄉回到曼谷之後，我決定放棄當老師的夢想，轉而想要早一點賺大錢，讓媽媽不再那麼辛苦。繼續留在餐廳工作，那時的我，比其他人早到兩個小時上班，就是為了多學會一些事情，可以早一點爬上更高的職位。白天的餐廳下班，繼續到豬血工廠煮豬血，結束再到 PUB 當廚師，每天從早上 8 點工作到凌晨 4 點，一點都不覺得累，一心只想著減輕媽媽的辛苦。當時的我，只知道腳踏實地完成眼前的工作，會有不錯的收入進帳，也就埋頭去做。

每天努力地學習，廚藝也是從這個時候快速地累積，21 歲在朋友的引薦之下，獲得在大飯店工作的機會，因為這個機會，開啟我的料理新人生。在飯店工作的高壓磨練之下，24 歲升上副主廚，25 歲就成為主廚。26 歲那一年，台灣的晶湯匙老闆吃到我的菜，很欣賞我，盛情邀約我到台灣擔任主廚的工作。

台灣距離泰國不算遠，即使當時心裡有些擔心，一句中文都不懂的我，初次出國，就壯著膽子來到台灣，當然，這個

決定也是為了賺更多錢，給媽媽更好的生活，一待就是 20 年，台灣已經變成我的第二個家，認識很多朋友和客人，我也很感謝台灣人給我這個機會，讓我能夠推廣家鄉的料理。

剛到台灣的時候，也是另一段辛苦的日子。除了中文一竅不通，當時泰國的新鮮香料台灣也買不到，想要做出道地的口味有困難，更何況，我的工作還要教其他廚師，就是難上加難。一開始，我有想過打退堂鼓，放棄高薪回到曼谷。老闆知道我的困境之後，二話不說，替我請了一位翻譯，每天跟著我在廚房工作，我也努力跟著翻譯老師學中文，第一年過後，我的中文有了起色，開始有了信心，工作就更起勁。

真正道地的泰國口味，一開始台灣的客人也無法接受，隨著我的中文進步，我能夠傾聽客人的建議，調整酸辣鹹度，讓味道忠於泰國，調味的程度則迎合台灣人的習慣，一點一點地調整，我的泰國菜漸漸地獲得肯定，受到很多人的喜愛。

至今難忘的媽媽味

小時候家裡很窮，不太有機會做什麼特別講究的料理，家裡賣的菜剩下什麼，媽媽就會煮成熟食，晚上拿到市場賣，賣剩的才是我們的三餐。唯有一道菜，我跟哥哥姊姊們都很想念，是一道以魚為主食材的料理，刮掉鱗片之後，和大量的蔬菜一起蒸煮。這道菜是泰國家庭很常見的料理，而我們家的作法厲害之處在於媽媽調製的沾醬，將紅蔥頭、大辣椒、朝天椒以小火炒出香氣再放入杵臼搗碎，接著，放入花生、檸檬汁、魚露和花生糖搗碎，讓整個醬料的口味有甜有酸有辣，又有香氣。

每一次回老家，媽媽知道我們愛吃，一定會準備這道菜，直到幾年前媽媽過世之後，我們再也吃不到媽媽煮的味道。為了懷念媽媽，每一次的家庭聚會，姊姊還是會試著做這道菜，每一次吃，都會讓我想起很多從前的事情，和媽媽相處的點點滴滴。

我覺得料理是可以傳遞感情的，當你在做菜的時候，想要傳達給吃的人的心意，也會一一地呈現在料理上，吃的人會感受到做的人的心意。不管是媽媽對我的愛，還是我對客人的情感，都可以透過料理說出很多故事。當你試著為你在意的人做一道菜，即使不說一句話，彼此的心靈卻是會更靠近。

泰菜的態度就是愛

料理是我的工作，也已經成為我的人生密不可分的一部分，今後也是。以前做菜，是為了賺錢，努力將眼前的工作做到完美，現在，做菜已經變成一種挑戰，我時常在思考，要怎麼樣設計出一道菜，讓更多人認識泰國菜，甚至是我的國家，心情比較像是研發，和以前埋頭做菜的心情不同，希望能讓大家看見不同風貌的泰菜。

因為泰國是一個包容度很高的國家，泰國菜當然也是彈性很大的料理。我想在台灣這片土地上，試著用更多不同的方式向大家介紹我的家鄉料理。如同這本書的出版，因為我無法一一做菜給每一位朋友吃，但是，你們可以透過這本書，試著做做看我的配方、方法，在家也能吃到道地的泰國風味。如果能夠讓你透過料理更認識泰國，我會很開心，也是我一直想要做的事情，也只有料理，能夠讓人與人之間沒有國界的隔閡。

當你試著去做的時候，你會發現，料理沒有你想像的麻煩，尤其書裡的作法已經替你省去很多繁瑣的步驟，老實說，泰國天氣那麼熱，很少有人喜歡長時間待在廚房，泰國人講求的是快速上菜，但是，熱愛美食的心不變。

不管是什麼事情，試著去做，一定會有收穫！希望你們都能在試著做泰國菜的過程中，體會料理的樂趣。

1. 當和尚的那一年。

2. 我和家人。

3. 祭祀用花。

4. 20 歲那一年，我曾經短暫出家，追隨的師父正是我的伯父。

5. 每一年我都會拜訪已經 112 歲的姑婆，親手腳是泰國人對老人家一種尊敬的表示。

阿明師

泰文名 จักริณ สุดใสดี
本名李明芒
料理資歷近 30 年

———

來自泰國東北素林府的小城 อำเภอ ปราสาท（Prasat），
從小跟在媽媽身邊做菜，養成料理的敏銳度，對於
料理的細節始終有所堅持。26 歲那年獲得台灣知名
餐廳老闆的青睞，受邀來台擔任行政主廚，至今超過
二十年的時間，目前經營一家人氣熱門的泰國菜餐廳
「PATTAYA」，並擔任多家海內外知名泰式餐廳的顧問。
持續透過各種活動、相關的料理課程，推廣泰式料理。

泰式食材採買指南

由於每一家商店販售的食材略有差異，
因此，建議前往採購之前，不妨先電話確認想要採購的食材是否有販售。

· · · · · · · · · · · · ·

大部分的泰式食材都可以在網路商店購買，
或是大賣場、連鎖超市也都能找到本書使用的食材。

地區	店名	地址	電話
北	寶慕國際	台北市大同區重慶北路 3 段 338 號 7 樓	02-2597-9912
	御相企業有限公司	台北市內湖區港華街 3 號 2 樓	02-2798-6340
	新曼谷食材行	新北市新店區明德路 63 巷 12 號	02-2918-7430
	泰緬食品專賣店	新北市中和區華新街 30 巷 4 號	02-2944-3000
	金鷹商店	新北市中和區華新街 34 號	02-2946-8189
	Big King 東南亞超商	桃園市桃園區大林路 100 號 ※ 中南部也有門市，詳細地址請至官網 bigking.com.tw 查詢	03-218-4640
中	東協廣場	台中市中區綠川西街 135 號 ※ 2F CLC Mart 東南亞聯合超市	07-322-5769
南	吉市加食品行	高雄市三民區吉林街 296 號	07-322-5769
網路	101 購物商城	http://www.101sm.com/shop/	

泰菜熱 Thai Food Fever

泰國名廚教你做開胃又下飯的日常家庭料理

作　　　者	阿明師（李明芒）
食 譜 攝 影	林永銘
P4~19 攝影	劉慶隆
裝 幀 設 計	Rika Su
主　　　編	王俞惠
企 劃 編 輯	男子製本所有限公司
行 銷 企 劃	許文薰

第五編輯部總監	梁芳春
董 事 長	趙政岷
出 版 者	時報文化出版企業股份有限公司
	一〇八〇一九臺北市和平西路三段二四〇號
發 行 專 線	（〇二）二三〇六六八四二
讀者服務專線	（〇二）二三〇四六八五八
郵 撥	一九三四四七二四 時報文化出版公司
信 箱	一〇八九九臺北華江橋郵局第九九信箱
時 報 悅 讀 網	www.readingtimes.com.tw
電子郵件信箱	yoho@readingtimes.com.tw
法 律 顧 問	理律法律事務所　陳長文律師、李念祖律師
印 刷	和楹印刷有限公司
初 版 一 刷	二〇二〇年七月二十四日
定 價	新臺幣四八〇元

時報文化出版公司成立於一九七五年，並於一九九九年股票
上櫃公開發行，於二〇〇八年脫離中時集團非屬旺中，以「尊
重智慧與創意的文化事業」為信念。

泰菜熱 / 李明芒（阿明師）著 .-- 初版 .
-- 臺北市：時報文化，2020.07
184 面；17*23 公分
ISBN 978-957-13-8281-4（平裝）

1. 食譜 2. 泰國

427.1382　　　　　　　　　109009169